Winter *

노란꽃 초록나무에

달빛처럼 비가 내린다

광둥광시 여행기

Winter

노란꽃 초록나무에

달빛처럼 비가 내린다

광둥광시 여행기

최금옥 지음

이담
Books

PROLOGUE

중국에 대해 강의할 때 특히 중국문화를 강의할 때, 기본적으로 중국의 넓은 지역에 대한 이해를 필요로 하는데 그동안 중국을 많이 다녀 온 편이지만, 여전히 안 가본 곳이 많다. 특히 '소수민족이 사는 곳은 한 번도 안 가봤기에 중국에서 소수민족 중 인구가 가장 많은 광시성 장족자치구에 가봐야겠다, 가는 김에 광둥성과 광시성 두 지역을 대략 훑어보고, 또 1997년 영국으로부터 중국에 반환된 홍콩, 1999년 포르투갈로부터 중국에 반환된 마카오 등 두 개의 특별행정구 역시 주마간산식으로나마 훑어보아 그 실정을 이해해야겠다'라는 생각이 들었다. 그래서 여행 목적지를 광둥·광시성으로 설정하고 10일간 자유로이 여행할 계획을 세웠다.

광둥성에서는 수도인 광주 및 선전 등 중심지가 되는 주삼각(주강삼각주 지역)과 송대 소동파가 유배되었던 곳인 후이저우와 광둥성의 더 동쪽에 있는 당대 한유가 유배되었던 조주에 가 볼 참이었다. 그리고 광시성의 수도 난닝과 당대 유종원이 유배되었던 유주를 거쳐 유명한 관광지 구이린에 갈 계획이었다.

광둥과 광시가 중국의 남단지역이라서 옛날에 조정으로부터 멀리 유배된 인사들의 흔적이 많은 것이 특징이다. 그런데 실제 여행에서

는 춘절기간이라 기차가 만원이어서 가는 기차 편을 못 타고 후이저우에서 3박 4일이나 머무는 바람에 애초의 계획이 틀어졌다. 날씨도 남방이지만 비가 올 때면 몹시 추워 실내 난방을 안 하는 곳에서는 잠을 제대로 잘 수 없는 등 애로가 많았다. 그래서 후이저우 다음 코스로 생각한 조주에 못 가고 난닝에서 구이린에 갈 때 들르려 했던 유주도 그냥 기차로 스쳐 지나가고 마는 등 계획에 맞는 여행을 못했다.

그러나 광둥·광시에 가면서 그곳에 이어진 섬 홍콩과 마카오 두 개의 특별행정구에도 가본 것은 덤으로 얻은 소득이다. 홍콩에는 20년 전 한 번 가본 적이 있기에 1997년 영국으로부터 중국에 반환된 후 실정이 어떻게 되었는가를 확인하는 것이 목적이었다. 마카오는 한 번도 안 가본 곳이지만 1999년 포르투갈로부터 중국에 반환된 특별행정구이니 모험 삼아 한번 가봐야겠다는 생각이 들었다. 이곳들에서는 중국에 반환되었어도 글자는 번체자를 쓰고 말은 광둥어를 쓰고 돈은 홍콩달러나 마카오달러를 유통하는 등 독자적 체제를 갖추고 있음을 알 수 있었다. 이곳은 또한 특별행정구라 중국에 들어가려면 출입국심사가 필요하다. 그걸 알았기에 복수비자를 만들어서 갔다.

홍콩행 비행기를 타고 홍콩과 마카오를 먼저 둘러본 후, 선전으로

입국하여 광둥·광시를 돌아보고 다시 선전에서 출입국심사를 거쳐 홍콩으로 돌아가 비행기를 타고 귀국했다. 홍콩이 무비자입국이니 사실 이번 여행 중 중국에 들어가고 나온 것은 선전에서의 출입국 심사 한 번이다. 그러나 실제 여행에서 어떤 상황이 발생할지 몰라 복수비자를 해 간 것이었다. 즉 홍콩과 중국을 몇 번 드나들 사람은 복수비자가 필요한 것이다.

교통은 일반 보통 기차 편을 이용하고 다녀 마치 그 지역의 기차노선을 지하철노선처럼 생각하고 지하철 타는 법을 익히듯이 기차 타는 법을 익힌 것이 새로운 점이기도 하다. 13시간 걸린 침대차도 타 보았기에 중국의 기차문화에 대해서도 좀 이해가 깊어졌다.

마지막 코스로 간 관광지 구이린은 큰 기대를 품고 갔지만 생각했던 것과 달리 도시화의 부정적 현상인 환경오염으로 공기가 탁해 실망했다. 현재 광둥성 인구가 중국 최대라는 말이 있는데 광둥지역에는 공장이 많이 건설되어 유입인구가 많고 공기가 몹시 탁하다. 광저우의 공기는 바로 숨쉬기도 힘들 정도로 탁했다.

이 여행은 2010년 2월에 한 여행인데 2010년 11월 아시안게임

이 바로 광저우에서 열려 많은 사람이 광저우의 화려한 모습을 미디어로 접했을 것이다. 필자도 광저우의 중심지에 가서 높은 빌딩 속을 걸어보고 감탄하기는 하였지만, 역시 급속한 개발 속에 수반되는 환경오염에 대해 더 주의하고 깨끗한 환경을 만들기 위해 노력할 필요가 있어 보였다.

이 책은 열흘간 필자가 보고 접한 광둥·광시지역의 현장에 대한 일종의 일기 형식의 보고서라 할 수 있다. 짧은 기간의 여행기라 견문이 풍성하지는 않지만 홍콩과 마카오의 실정, 광둥지방의 이해, 광시성 소수민족에 대한 이해 등에 조금이나마 도움이 되리라 생각한다. 시간적 여유가 있어 배낭 메고 기차에 몸을 실어 발길 닿는 대로 여행하고 싶은 자유여행자들에게도 주로 기차로 여행하고 괜찮은 곳에서는 며칠 머물며 다양한 숙소를 체험한 이 여행기가 일조가 되리라 생각한다.

이 책은 또한 필자의 여행기『리얼 상하이 쉬운 만다린』에서처럼 간략하고 쉬운 중국어 문장을 섞어 씀으로써 책을 읽으면서 그 상황에 필요한 기초적인 중국어회화를 학습할 수도 있게 꾸몄다.

CONTENTS

CHAPTER 1

두 개의 특별행정구 / 11

홍콩에 도착하다 • 12
마카오로 건너가다 • 30

CHAPTER 2

광둥성 후이저우에서 노닐다 / 45

선전-중국 땅으로 들어가다 • 46
후이저우에서 3박 4일 • 50

CHAPTER 3

珠三角 엿보기 / 79

광저우로 이동 • 80
월수공원 • 87
중신빌딩-중신광장 • 93

CHAPTER 4

광시성 둘러보기 / 99

난닝의 하루 • 100
구이린 1일관광 • 122

CHAPTER 5

선전을 거쳐 홍콩으로 / 145

침대차를 타고 • 146
홍콩으로 되돌아가다 • 153

두 개의
특별행정구

홍콩에
도착하다

꼭 20년 만에 홍콩행 비행기에 올랐다. 1990년 대만에서 어학연수를 하던 시절 6개월마다 비자 연장을 해야 했는데 당시 중국 대륙의 책을 대만에서는 살 수 없고 홍콩을 거쳐 구입하던 때라 논문에 관련되는 대륙의 책을 사는 것을 목표로 홍콩으로 가게 된 것이었다. 그때 대만의 학원에서 같은 반이었던 독일 남학생이 자기가 홍콩에 갔을 때 묵었던 숙소라며 중경빌딩의 한 여관 명함을 주어서 거기에 가서 묵었다. 그때엔 가기 전에 전화로 예약을 했었고 여관에서는 할아버지가 나와 공항 리무진 버스에서 내리는 나를 맞이하여 여관으

● 비 행 편

로 안내해 주었었다. 그래서 이번 여행에도 거기를 가려고 그 오래된 명함을 찾아서 인터넷으로 검색해보니 아직 영업을 하는 것 같았다. 그 숙소 명함과 또 다른 한 여관의 명함을 가지고 있었기에 두 개의 숙소를 알고 있으니

● 기내식

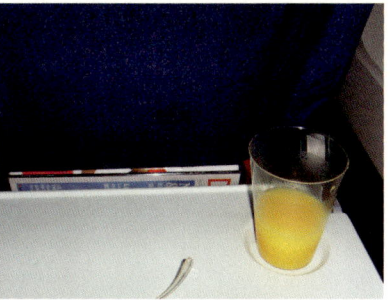
● 음료

예약하지 않아도 가면 묵을 곳을 쉽게 찾으리라 생각했다. 이도저도 안 되면 학교의 게스트하우스에 묵을 수도 있으리라 생각했다.

비행기는 아침 9시 20분 발, 홍콩도착 현지시간 12시 35분 예정인 비행 편이었다. 비행시간이 길어서인지 먼저 음료를 제공했다. 기내식은 면과 빵과 요거트 등 내가 좋아하는 것들이었다. 북경이나 상해처럼 가까운 곳에 비하면 4시간 걸리는 좀 먼 길이었는데 앞좌석 등받이에 있는 모니터로 영화를 보며 가니 지루하지 않았다. 그런데 고도와 지명 등을 알려주는 전광판 모니터에서 상용한자로 처음 보는 한자가 나와 이런 한자도 쓰나 싶었다. 비행기는 제주도 쪽을 거쳐 대만을 지나 홍콩에 착륙했다. 20년 전의 공항은 홍콩 동북쪽에 있었는데 그 후로 홍콩 서북쪽에 신공항이 생겼다고 들었다. 홍콩은 대륙과 연결된 구룡반도와 홍콩 섬으로 이루어져 있다. 구룡반도의 서북쪽에 신공항이 위치하고 있는 것이다.

인터넷으로 검색한 홍콩 정보에 따르면 공항에서 옥토퍼스 카드를 사면 지하철로 홍콩까지 직통으로 갈 수 있고 그 카드로 편의점, 맥도날드, 버스, 지하철 등 다 이용할 수 있어 편리하다는 걸 알았기에 일단 입국절차를 마치고 나오자 그 카드부터 샀다. 한 장에 홍콩달러 100달러였다. 인민폐는 받지 않는다는 말에 다소 의아했다. 중국에 반환되었으니 인민폐를 받을 줄 알았던 것이다. 90년도에 공항

● 홍콩달러와 인민폐

● 구룡역건물 안의 호랑이해 기념물

에서 무료전화를 사용했던 걸 기억하고 공항안내소 근처에 있는 공중전화로 예정했던 숙소들에 전화를 걸었더니 전화번호가 바뀌어서 통화가 안 되었다. 그래서 안내소에 가서 표준 중국어로 그 두 개의 숙소의 이름을 대고 전화번호를 알려달라고 하니 친절하게 가르쳐 주었다. 다시 전화를 걸었더니 숙소의 아주머니는 화를 내며 왜 예약하지 않고 왔냐고 하며 방이 없다고 하고 끊었다. 그래서 홍콩대학의 게스트하우스 전화번호를 또 물어서 전화해 보았는데 역시 빈 방이 없다는 것이다. 즉 춘절 무렵이라 예약한 사람이 많아 방을 구하기가 어려운 것이었다. 일단 숙소부터 구하고 짐을 놓아두고 쉬어야 하는데 일이 다 틀어져버렸다.

그래도 20년 전 중경빌딩이 있던 곳에 값싸고 조그만 여관들이 밀집해 있었던 기억이 나서 그 근처만 찾으면 다른 여관이라도 구할 수 있으리라 낙관했다. 중경빌딩은 구룡반도 끝 침사추에이에서 거슬러 올라가는 길인 弥敦道(미돈도;네이잔로드)에 있었던 걸로 기억하고 구룡반도의 끝 부분에 가면 거슬러 올라가 그 길을 쉽게 찾을 것 같아 그리로 가려고 마음먹고 일단 지하철을 탔다. 지하철을 타고 구룡역에서 내렸는데 구룡역은 그 사이 새로 지은 고층 건물로 되어 있고 그 안은 몹시 번화하였으며 호랑이해를 맞이하여 호랑이 모형을 크게 만들어 놓은 곳에서 사람들이 기념사진을 찍는 등 북적대었는데

● 스타페리 부두 풍경

너무 넓고 사람들이 많이 왕래하여 우리나라 서울 강남 코엑스의 상가 건물들처럼 붐볐다. 건물 위층의 한 모퉁이의 창밖으로 바다가 보여 아, 바로 여기가 구룡반도 끝인가 보다 싶은 생각이 들어 황급히 역사 건물을 빠져 밖으로 나왔다.

  그런데 밖은 해변으로 연결되어 있지 않고 도로들로 막혀 있어 건물 높은 곳에서 보았던 해변을 찾을 수가 없었다. 캐리어 가방을 끌고 버스정류장 팻말이 있는 쪽으로 걸어가다 보니 우측에 바로 아까 나온 구룡역의 새로 지어진 높은 건물이 있고 그 왼편으로 건물들이 없는 틈으로 건너편에 홍콩의 해변풍경이 보였다. 20년 만에 다시 보는 홍콩의 해변풍경, 멋진 건물이 늘어선 스타페리 부두 해변, 20년 전에 구룡반도에서 홍콩 섬으로 약 5분 정도 걸려 배로 왔다 갔다 했었던 추억이 생각나 감격스러웠다. 인생은 꿈과 같다고들 하는데 홍콩이 어찌 그대로 고스란히 거기에 남아 있는가? 믿기 어려운 기적같이 스타페리 부두너머 홍콩 섬의 건물들이 고스란히 옛 모습을 간직하며 파노라마처럼 펼쳐져 있다. 이 장면을 다시 본 것만으로도 홍콩에 온 본전을 다 뽑은 느낌이었다.

  어쨌든 구룡반도 끝으로 가야 거기서부터 길을 찾을 수 있을 것 같았다. 옛

● 버스 정류장

● 중국화된 풍경

날에 홍콩 섬에 갔다가 배를 타고 구룡반도에 도착하여 페닌슐라 호텔을 지나 미돈도 길을 거슬러 올라가 중경빌딩으로 갔었기에 일단 구룡반도 끝 즉 해변가만 찾으면 미돈도 길을 알 수 있을 것 같았다. 그래서 구룡반도 끝부분이 종점인 듯한 버스에 올라탔는데 얼마 안가 내린 곳은 해변이 아니었다. 해변가에 부두가 있고 그 근처 태공관이라는 둥근 건물이 있었는데 그곳을 찾을 수가 없었다. 공항에서 집어 온 지도를 펼쳐 내가 있는 곳의 위치를 가늠해보려 하였으나 지도가 단순치가 않았다. 페닌슐라 호텔, 태공관, 이런 식으로 써져 있으면 좋은데 무슨 홍콩 역사박물관, 홍콩과학관 등 알듯 말듯한 비슷비슷한 건물들이 지도상의 구룡반도 끝에 위치하고 있어서 길을 헤매었다. 헤매면서 보니 건물들이 많이 중국화되었다. 발마사지집이라든가, 호텔이라든가, 음식점 등이 중국어(번체자)로 쓰여 있었고, 어떤 길은 허름한 중국식 가게들이 즐비하게 늘어선 곳도 있어 옛날의 영국령이었던 홍콩과 분위기가 달랐다. 그래도 해변에는 서양식 레스토랑들이 있었고 그 안에는 서양 남녀들이 보였는데 그 해변가의 도로는 스타페리 부두로 연결되는 길이 아니어서 길을 찾을 수가 없었다.

　인터넷 검색으로 알아두었던 한 지하철역으로 가면 길을 알 수도 있을 것 같아 지하철을 탔다. 그런데 지하철에서 나와 보니 아까 헤매었던 길이 또 나왔다. 몇 번 지나는 사람들에게 태공관이 어디냐고 물었는데 이쪽으로 가라, 저쪽으로 가라 했지만 번번이 찾지 못했다. 홍콩이공대학을 지날 때 교문의 경비실에 가서 지도를 보여주며 태공관이나 페닌슐라 호텔이 있는 곳을 물어보았는데 지도를 짚으며 광둥어로 뭐라뭐라하는 말 중에 '이 근처에⋯⋯' 라는 말이 들려 '어, 한국말 할 줄 아세요?' 하고 물었더니 아무 대답이 없다. 광둥어 중에 가끔 우리말과 비슷한 발음의 말이 있어 잘못 들은 것이다.

좀 더 헤매다 다시 지하철을 탔는데 지하철 노선도를 쳐다보고 있을 때 한 쌍의 남녀가 노선도를 보면서 '중환으로 갔다가 가면 된다'라고 표준 중국어로 자기들끼리 말하는 걸 들었는데 자세히 보니 홍콩 섬에 있는 중환(센트럴)으로 가서 지하철을 환승하여 구룡반도 쪽으로 거슬러 오면 반도 끝에 침사추이가 있고 더 올라가면 미돈도 길이 나오는 것을 알 수 있었다. 구룡반도 쪽에서는 직접 미돈도로 통하는 노선이 없는 것이었다. 그래서 노선도를 잘 익혀 놓고 센트럴

● 지하철 노선도　　　　　　　　　● 지하철 이정표
● 홍콩이공대학　　　　　　　　　● 홍콩역사박물관

● 중경빌딩

로 갔다가 드디어 미돈도 길을 찾았다. 지하철역을 나오니 사람들이 북적대고 그 틈으로 중경빌딩이 길가에 보였다. 옛날엔 할아버지가 안내하는 대로 따라갔었기에 기억이 잘 안 나지만 길 안쪽으로 들어갔던 것 같은데 바로 길가에 그 빌딩이 있었다. 그 빌딩은 허름한 여관들이 가득 찬 빌딩이었다. 좁은 엘리베이터에 가까스로 캐리어 가방을 들고 올라가 보니 각 층마다 다 손님이 꽉 차서 빈 방이 없다고 하였다.

시간은 흘러 6시가 넘었기에 문 닫은 여행사들은 전화를 해도 받지 않고 어디 알아볼 방도가 없었다. 일단은 저녁을 먹고 정 못 찾으면 옛날에 나중에 신혼여행을 홍콩으로 가서 페닌슐라 호텔에 묵었으면 하고 꿈꾸었던 대로 혼자이지만 카드를 긁어 페닌슐라 호텔에서라도 묵으면 되겠지 하고 생각했다. 옛날에 점심을 사먹었던 기억이 있는 맥도날드도 보였고 한글로 발마사지라고 간판을 내건 곳도 보였다. 가방을 계속 끌고 한 음식점으로 저녁을 먹으려고 갔더니 손님이 꽉 차서 안 된다고 하였다. 그래서 하는 수 없이 백화점이 만만해 보여 백화점의 음식점으로 갔다. 그 백화점의 레스토랑은 전혀 화려하게 장식한 곳이 아닌데 소스를 끼얹은 닭고기요리와 새우요리 두 가지만 시켰는데 300홍콩달러 정도가 나왔다. 너무 비싸서 어이가 없어 뭐가 잘못된 거 아닌가 싶어 계산대에 가서 영수증을 보여 달라고 하였더니 영수증을 주고 무슨 비밀스러운 표시인지 펜으로 영수증에 별도로 50이라는 숫자를 적었다. 내가 생각하기엔 중국이라면 50위안이면 될 액수인데 그럼 50위안어치를 300달러로 받았다는 말인가? 너무 낭비를 한 느낌이었다. 별로 맛도 없는 음식이었다.

어쩔 수 없이 백화점을 나와 캐리어 가방을 끌고 구룡반도 끝 페닌슐라 호텔이 있는 곳으로 가보았다. 그곳을 찾아가는데 구부러진 길을 지나다 보니 한 유럽식 건물 앞에 커다란 하트 꽃무늬가 장식되어 있고, 1881이라는 글자가 역시 꽃으로 되어 있었는데 아름다운 풍경이어서 사람들이 거기에서 사진을 찍었다. 이 건물은 나중에 인터넷을 검색해 보니 1881년도에 영국인이 지은 것으로 현재는 쇼핑몰이 되었다고 한다. 페닌슐라 호텔은 구룡반도 끝에 있어 상징적인 건축물로 생각되었다. 예전에 홍콩에서 배를 타고 구룡반도로 건너와 거슬러 올라올 때 그 호텔을 지나면서 나중에 여기로 신혼여행을 왔으면 좋겠다는 생각을 했었다. 근래에 가수 이승철이 재혼하고 아마 여기에서 신혼을 보냈다는 것 같다. 페닌슐라 호텔은 당연히 비쌀 것이다. 그러나 내 나이 이제 50, 혼자서라도 좋은 호텔에 묵어볼 수 있지 않을까? 좀 우습기는 하지만 가족제도에 고착된 관념상으로는 강의해서 번 돈이 마치 학생들이 효도여행을 다녀 오라고 준 돈같이 생각되기도 했다. 여행오기 전에 홍콩달러와 인민폐를 다 바꾸어 왔기 때문에 홍콩에서 예산이 초과되더라도 대륙에서 아껴 쓰면 될 듯도 했고 좋은 호텔이니까 카드로 계산하면 현금이 부족한 사태는 생기지 않으리라 생각되었다. 그런데 페닌슐라 호텔에 들어가 보니 손님이 다 차서 빈 방이 없다고 했다. 실망스

●백화점 식당음식

●영수증

● 1881광장
● 1881광장 밤의 모습

러웠지만 한편으로는 다른 곳을 찾으라는 약간의 희망의 여지를 느끼게 해주는 현상이었다. 밖으로 나와서 스타페리 부두로 가보았다. 부두 건너편에는 빌딩들에 아름다운 무늬의 불빛이 켜져 아주 예쁘게 보였다. 한 한국인 젊은 부부가 아이와 함께 와서 각종 무늬가 반짝반짝하는 해변풍경을 배경으로 사진을 찍고 있었다. 그들은 숙소를 잡아놓고 놀고 있을 거라 생각하니 내가 처량하게 느껴졌다. 부두가에 아이스크림 리어카가 있어 아이스크림을 하나 사 먹으니 맛도 좋고 열이 좀 내려갔다. 다시 아까 봐두었던 호텔들로 가보았더니 어디나 다 빈 방이 없었다. 한 호텔에서는 다른 호텔을 소개해주겠다며 나를 택시에 태워 한 호텔로 보냈는데 그곳도 손님이 다 찼다고 하였다. 안내데스크에 앉아 있는 아가씨에게 물어보니 여기저기 전화를 해보더니 역시 빈 방이 아무데도 없다고 하였다. 그럼 어떻게 밤을 보낼만한 곳이 없냐고 물으니 맥도날드 같은 곳에서 밤을 새우는 수밖에 없겠다고 하였다.

그래서 할 수 없이 미돈도 길로 다시 가서 아까 봐두었던 발마사지

집에 누워 잠시라도 몸을 눕히고 피로를 풀려고 찾아가보았다. 그곳은 비좁은 공간에 의자 몇 개가 놓여 있었는데 내가 몸을 눕히려는 걸 알기라도 했는지 중국의 발마사지 집에서 한 번도 경험하지 못했던 의자에 누워서 하는 마사지가 아니라 의자 등받이를 세우고 앉은 채로 하는 마사지였다. 어쩜 이렇게 내 맘을 꿰뚫고 있는가? 아니면 값이 싸서인가? 지나올 때 다른 발마사지 집을 보니 200달러쯤 하는 것 같았는데 이 집은 90달러였다. 마사지하는 여자와 몇 마디를 나누었다. 홍콩에 방 예약을 안 하고 왔더니 곳곳마다 손님이 다 차서 잘 곳이 없다. 중경빌딩도 다 찼다. 그래서 맥도날드에서 밤 새려 한다. 하였더니 중경빌딩 그곳은 난잡하다. 옛날에 한 파키스탄 여자가 그곳에 들어갔다가 나오지 못했다고 했다. 그리고 맥도날드 같은데서 밤을 새는 건 좋지 않다고 하였다. 그러나 나는 속으로 결심한 상태였다. 그래서 맥도날드로 갈 생각을 해두고 시간을 더 보내려고 미돈도 길을 거슬러 끝까지 올라갔다. 거기엔 무슨 큰 건물들이 있었고 길을 꺾어 더 걸어가다가 다시 발길을 되돌려 돌아가는데 인파 속에서 노란색 가사를 입은 밤거리의 스님과 마주쳤다. 스님은 내 앞에 발걸음을 멈추고 부적 같은 것을 사라고 하는 듯했다. 나는 고개를 젓고 지나쳐 버렸다.

저녁 아홉 시경쯤부터 맥도날드에서 죽치고 있게 되었다. 옥토퍼스 카드로 감자 칩과 음료를 사서 자리를 잡고 앉아 공항에서 집어 온 지도 및 안내책자 등을 훑어보았다. 나는 여행 전에 사전준비를 철저히 하지 않는 편이어서 그 자료들은 도움이 되었다. 이번에 홍콩에 온 것은 20년 만에 홍콩이 얼마나 달라졌나를 보러 온 것이고, 온 김에 한 번도 가보지 않은 마카오에 가서 중국의 두 개의 특별행정구를 살펴보는 게 복적이었다. 더 주된 목적은 중국대륙에서 아직 한 번도 가지 않았던 소수민족 자치구에 다녀오는 것이어서 홍콩과 마카오를 잠시 둘러보고 홍콩과 맞닿은 선전으로 해서 중국에 들어가 광둥성과 광시성

● 맥도날드의 밤풍경　　　　　● 새벽 거리의 맥도날드

소수민족 자치구를 여행하는 게 주된 목적이었다. 그래서 일단 홍콩은 오늘 해변풍경을 다시 본 것만으로도 기뻤고 내일 아침에 가보지 못했던 빅토리아 피크를 가보고, 오후에 배를 타고 마카오로 갈 생각이었다. 안내책자에는 센트럴역에 빅토리아 피크로 가는 버스가 있다고 되어 있었다. 빅토리아 피크는 중국어로 태평산 산정이라 되어 있었다. 그럼 내일 아침 거기로 갔다가 홍콩과 마카오를 연결하는 港澳(홍콩-마카오)부두로 가서 배표를 끊어 마카오로 가 1박을 하면 된다.

　맥도날드 안에는 나처럼 숙소를 잡지 못한 사람들인지 밤새 죽치고 있는 사람들이 있었다. 종업원이 청소한다고 저쪽 테이블로 비키라고 해서 그쪽으로 가보았다. 거기에는 이미 얼굴을 기대고 잠에 빠진 두 사람이 앉아 있었고, 또 몇 사람이 있었고 한 흑인은 웬일인지 내 옆자리로 바짝 와서 햄버거를 먹었다. 그러나 말을 걸지 않고 좀 지나서는 사라졌다. 나는 체면상 엎드릴 수가 없다고 생각되어 꼿꼿이 앉아 지도와 안내책자를 보면서 새벽이 되기를 기다렸다. 새벽 4시가 되어갈 무렵 다시 햄버거와 음료를 시켜 아침삼아 먹고 사람들이 적을 때를 틈 타 화장실 일을 보았다. 세수도 간단히 했다. 옛날부터 맥도날드의 장점은 화장실을 이용할 수 있다는 것이었다. 1997년 중국에 갔을 때 북경의 왕푸징거리에 화장실버스가 버젓이 있을 정도로 건물 안에 화장실을 설치한 곳이 드물어 그때에도 맥도날드 화장실을 이용하곤 했는데 이번에는 맥도날드에서 밤을 새고 세수까지 하였으니 반 호텔처럼 이용한 셈이다. 한 맥도날드에 너무 오래 있는

● 건널목의 길바닥 표지 　　　　　● 스타페리 부두의 새벽

것도 지루해 캐리어 가방을 끌고 밖에 나갔다. 밖은 어두웠고 약간 부슬비가 날리는 듯했는데 거리엔 사람들이 적어 한산하였다. 가끔 지나는 사람들 중에는 술 취했거나 이상한 사람들이 없는 것 같았다. 길을 건너는 길바닥에 '望左(look left)'라고 쓰여 있는 것이 중국대륙과 달랐다. 날이 밝기엔 아직 일러 또 다른 맥도날드에 가서 음료를 시켜놓고 앉아 있었다.

　아침이 가까워오니 다소 생기가 도는 느낌이었다. 좀 있다가 6시 무렵 스타페리 부두 쪽으로 갔다. 90년도에도 해저 지하철이 홍콩섬으로 연결되었었고 지금도 어제 탔듯이 지하철이 있지만 20년 전처럼 배를 타고 건너가 보고 싶었다. 그때 기억에 남는 것은 뱃삯이 동전으로 1달러인가 했는데 주머니에서 동전을 감별하기 쉬운 게 특징이었다. 즉 1달러나 5센트나 이런 동전들이 가장자리가 구불구불하다든가 두께가 두껍다든가 하는 식으로 특징이 있어서 눈으로 확인하지 않고도 동전을 구별할 수 있었던 것이 신기했다. 부두는 어두컴컴했고 아직 배가 다니지 않았다. 배는 7시 30분에 첫배가 있는 듯했다. 날이 흐려 하늘은 우중충했다. 근처의 편의점에서 생수를 샀다. 에비앙생수가 있었는데 우리나라 돈 1,000원쯤인 것 같았다. 부두가에는 새벽에 신문들을 정리하는 사람들이 몇 명 보였다. 배달할 신문들을 정리해 놓는 듯했다. 버스들은 아침부터 다니지 않고 늦은 시각부터 첫차가 있는 듯했다. 생각해보니 우리나라와 시차가 1시간 있지만 상해나 북경보다는 좀 더 서쪽이라 아침 7시쯤이어도 좀 어두컴컴한 느낌이었다.

나처럼 첫배를 기다리는 사람들이 몇 명 있어서 부두를 왔다 갔다 하며 시간을 보내다가 드디어 승선하게 되었다. 옛날에 배를 타러 가던 것과 똑같은 길로 걸어 올라가 배를 타보니 배 안은 예전과 달랐다. 좌석이 모두 앞을 보고 향해 앉게 되어 있었다. 예전엔 배의 반쪽 편과 반쪽 편의 의자가 마주보게 되어 있었는데 한 서양여자가 맞은편 자리에 다리를 치켜세우고 모든 사람에게 팬티가 훤히 보이게 앉아 있어서 충격을 받았었다. 이번엔 얼마 안 되는 승객들이 다 중국인이었고 홍콩 섬으로 출근하는 것 같아 보였다. 나는 자리에 앉지 않고 서서 바다와 해안의 건물들을 바라보며 갔다. 날이 흐려 아직도 어두컴컴해서 풍경은 전혀 멋지지 못했다. 곧 홍콩 섬에 도착하여 어젯밤 알아두었던 센트럴역의 종합버스터미널로 갔다. 홍콩 섬은 지하철로 바로 홍콩역이고 다음 정거장이 센트럴역인데 거기로 통하는 지상통로가 아주 길게 잘 되어 있어 새로 건설해 놓은 것 같았다. 센트럴역 근처에 버스터미널이 하나 있는데 거기에서 빅토리아 피크로 가는 버스가 있는 곳을 찾아 버스를 기다렸다. 9시경 첫버스가 있기에 한참을 기다려야 했다. 그 버스를 타려고 기다리는 사람은 거의 없었다. 학생처럼 보이는 청년 하나가 귀에 이어폰을 꽂고 나와 함께 기다릴 뿐이었다. 한참만에야 버스가 왔는데 버스에 쓰인 행선지명이 '태평산 산정'으로 되어 있는 걸 확인하고 옥토퍼스 카드를 단말기에 대고 캐리어 가방을 들고 올라타서 창가 자리를 잡고 앉았다. 버스는 홍콩 도심을 지나 구불구불한 길을 한없이 갔는데 도중에 세워서 사람들을 태우거나 내리게 하여 빅토리아 산정 전용노선 같지가 않았다. 홍콩 도심엔 역시 건물이 많았고 도심을 벗어나 산길을 갈 때는 가끔 학교 같은 곳에 차를 세우기도 하였다. 종점이 태평산 산정으로 되어 있기에 나는 아무 말 없이 계속 앉아 있었는데 산길을 가던 버스가 전망대 건물이 보이는 터미널 종점 같은 곳에 서기

에 묻지도 않고 그냥 내렸다. 버스는 거기에서 방향을 되돌려서 내려가버렸다. 그 근처엔 전망대가 있었는데 아무도 거길 가는 사람이 없고 청소하는 사람만 보였다. 버스터미널이 있어서 몇 대의 버스가 들락날락했다. 나와 같이 버스에서 내린 한 사람은 전망대가 있는 곳을 지나 더 산길을 올라갔다. 인터넷에서 검색하고 올 때에도 전망대 이야기는 없었고 그냥 산꼭대기에서 홍콩을 내려다볼 수 있다고 쓰여 있었기에 굳이 전망대를 가지 않아도 홍콩을 한번 내려다보고 가면 될 것 같아 나도 캐리어 가방을 끌고 산길을 더 올라갔다. 그 길은 다니는 사람들은 적었으나 잘 닦여진 길이었다. 가면서 홍콩 섬이 잘 내려다보이는 위치를 찾았으나 잘 안 보였다. 날은 흐렸으나 공기는 맑은 편이어서 상쾌했다. 숲에서 새들이 지저귀는 소리도 들려 왔다. 끝없이 갈 수도 없는 판에 한 구비진 길에 종점이라는 팻말이 보여 더 이상 갈 필요가 없겠다 싶어 멈추어 전망을 내려다볼 수 있는 곳을 찾았다. 숲이 터진 곳으로 홍콩 해안가 건물풍경이 보이기에 사진을 몇 장 찍었다. 케이블카 같은 것을 타면 쉽게 내려다볼 수 있는 풍경인데 이렇게 산으로 걸어 올라와 보게 되었다. 그러나 나름 괜찮았다. 아침시간이라서인지 사람이 없어 상쾌한 공기가 좋았다. 다만 날씨가 흐려 해안 풍경이 찌푸린 풍경인 것이 아쉬웠다. 이것으로 홍콩에 온 것을 기념을 삼고 이젠 내려가 마카오 행 배표를 사는 것에 목표를 두어야겠다 싶었다. 마카오에 도착해서 하룻밤 잠을 잘 자고 이튿날 간단히 구경한 후 선전으로 배를 타고 들어갈 참이었는데 마

카오 행 배편을 지금 가서 잘 구할지 그것도 걱정스러웠다.

 캐리어 가방을 끌고 왔던 길을 내려가 버스터미널에서 센트럴로 가는 버스를 타고 다시 센트럴역 터미널에 도착했다. 배표를 끊는 게 급해서 택시를 잡아타고 홍콩-마카오 부두에 데려다 달라고 표준 중국어로 말했다. 택시비는 20달러쯤 나왔다. 부두 터미널 건물은 좀 복잡했다. 사람들이 북적대는 북새통속에서 마카오행 배표를 파는 곳을 찾아 마카오로 가는 배편을 보니 12시 40분으로 표시된 보통 배표를 파는 창구가 있었는데 어찌된 일인지 북새통인 호화 배편 쪽에서만 표를 팔고 보통 배편에 사람이 가면 번연히 시간 표시를 해 놓고도 표가 없다며 쫓아내었다. 그런데 이상하게 가끔 한두 사람씩 표를 사는 사람도 있어 나도 그 틈에 끼어 표를 한 장 샀다. 시간 여유가 많았기에 가만히 건물에서만 기다리는 것이 의미가 없어 보여 어제 헤매었던 구룡반도 쪽으로 가서 스타페리 부두나 미돈도 길을 사진으로 잘 정리해두고 싶었다. 그래서 택시를 타고 센트럴역으로 가서 지하철을 타고 침사추에이역에서 내려 부두로 갔다. 일단 홍콩 해안 풍경을 사진으로 찍었다. 스타페리 부두에 영화배우 조각상이 전시되어 있다는 말을 들었기에 그곳을 찾았으나 걸어가기엔 시간이 꽤 걸렸기에 초입새의 한 조각상 앞에서 사진을 찍었지만 영화배우는 아닌 듯했다. 그리고 홍콩 해안가의 건물을 배경으로 한 내 인물 사진도 있었으면 해서 한 할아버지 사진사에게 부탁하여 사진을 한 장 찍었다. 그리고 다시 공간 정리를 하기 위하여 부두 쪽의 태공관을 찍고 맞은편 길 건너편의 페닌슐라 호텔을 찍고 그곳을 지나 예전에는 못 보았던 그 하트 모양의 꽃장식이 있는 1881광장을 찍고 미돈도 길을 찍고 걸어서 미돈도 길을 거슬러 올라갔다. 이리저리 땀이 나게 뛰며 사진을 찍노라니 내가 이십대 아가씨같이 느껴졌다. 미돈도 길에서 중경빌딩 사진을 찍고 그 근처에서 인민폐를 홍콩달러로 환전했다. 마카오에서도 인민폐를 안 받으면 달러가 급할지도 몰

● 조각상

● 페닌슐라 호텔

● 스타페리 부두

랐다. 그리고 마카오에 도착하자마자 방을 구해야 하는데 그때 돈이 필요해서이다. 홍콩에서 잠을 못 잤기 때문에 마카오에서는 꼭 1박을 해야 했다. 사진을 다 찍고는 다시 지하철을 타고 세트럴역으로 가서 택시로 홍콩–마카오 부두로 갔다.

가서 터미널 건물에 올라가 승선하는 곳을 알아두고 그 근처 음식점에서 볶음국수를 먹었다. 음식점은 붐벼서 내가 앉은 테이블에 한 부녀로 보이는 사람이 같이 앉아 먹었는데 젊은 아버지는 딸에게 휴지를 건네주기도 하며 자상하게 돌보는 것 같았다. 시간은 아직도 충분했고 배를 타려고 기다리는 사람들이 많아 줄이 한참 길었다. 드디어 승선시간이 되어 표를 보여주고 승선대기실로 우르르 가 또 배가 오기를 기다렸

다. 그 대기실 안에는 사람들이
의자에 가득 앉아 기다리고 있었
는데 자리도 없고 또 나는 서 있
는 것을 좋아해서 계속 앞쪽에 서
서 기다렸다. 앞쪽 의자에 앉은
서양 모녀로 보이는 사람 두 명이
눈에 띄었다. 딸로 보이는 여자
는 젊은 아가씨였는데 비교적 청
순한 인상이었다. 대기실의 직원
은 마치 이런 배편이 처음 생기기
라도 한 듯 비행기 표 좌석을 표
시하기라도 하듯 배 안의 좌석배
치도를 보고 좌석마다 주황색, 노

● 볶음국수

● 홍콩-마카오 배표

란색 등 동그란 스티커로 표시를 하였다. 드디어 시간이 되어서 배를
타고 비행기좌석처럼 정해진 자리에 가 앉았다. 내 자리는 창가 자리
였고 내 옆으로 좌석이 다 찼기에 나는 캐리어 가방을 오른편에 두고
약간 불편하게 다리를 꼬고 앉았다.

마카오로
건너가다

● 배의 창밖 풍경

● 배안의 좌석 등받이

배의 창가로는 바다가 펼쳐졌고 창으로 바닷물이 부딪쳐 출렁거렸다. 한 시간가량 지나니 나지막한 물섬들이 보이기 시작했고 조금 지나 부두에 배가 닿았다. 나는 어젯밤에 맥도날드에서 연구한 대로 마카오 안내지도에 있는 호텔들 중에서 가장 값싼 2성급 호텔에 묵기로 작정하였기에 부두에 도착하자마자 그 호텔에 전화를 걸어 표준 중국어로 빈 방이 있느냐고 물었다. 호텔 주인은 표준 중국어로 빈 방이 있다고 하며 택시를 타고 호텔 이름을 대면 데려다줄 거라고 했다. 그래서 터미널을 나가 택시 승차장으로 갔다. 도박의 도시인 마카오의 첫 풍경은 그 택시 승차장이었는데 길 맞은편에 버스 정거장이 있고 주변은 허름하

여 중국의 한 시골 같은 느낌이었다. 오는 택시들마다 카지노행이라
는 글씨가 크게 CASINO로 쓰여 있었다.

드디어 내 차례가 되어 택시를 타자 나는 표준 중국어로 그 호텔 이
름을 대었다. 택시기사는 표준 중국어를 하는 사람이었다. 그 사람
과 약간의 대화를 나누었다. 홍콩인들이 주로 마카오에 놀러 온다.
그래서 마카오달러가 따로 있지만 홍콩달러도 통용된다. 홍콩달러와
마카오달러는 거의 비슷한 값이다. 하지만 인민폐는 비싸 홍콩달러
와 1:1로 사용하면 손해다. 환전하는 게 좋다고 하였다. 그 택시는
마카오 시내로 들어가 꼬불꼬불한 좁은 길로 들어서 한 작은 여관 같
은 호텔 앞에 섰다. 택시비는 30달러였다. 호텔은 생각보다 초라한
느낌이었지만 그러나 다른 곳을 알아볼 별다른 이유가 없었기에 그곳
으로 들어가 아까 전화한 사람이라고 했다. 호텔 주인은 미니어처 호
텔에 맞게 작은 남자였는데 호감 가는 외모였고 표준 중국어를 잘 했
다. 그런데 그가 부르는 방값이 놀라운 가격이었다. 마침 딱 하나 남
은 1인용 방이 있는데 홍콩달러로 1,000달러라고 하였다. 중국에서
인민폐 160위안 정도의 호텔에 주로 묵었던 내겐 당연히 200달러쯤
으로 예상했는데 너무 비싸서 놀라웠다. 그는 다른 데 알아봐도 방이
없을 거라며 지금은 춘절 때라 다 비싼 가격을 부른다고 했다. 보증
금까지 해서 홍콩달러 1,200달러를 내놓으라고 했다. 나는 홍콩달
러가 모자라니 은행에 가서 환전해 와야 한다고 말했다. 그는 근처에
은행이 많이 있다고 하고 우선 방에 가보고 나갔다 오라고 했다. 한

젊은 남자가 나를 데리고 엘리베이터에 같이 타고 3층인가로 갔는데 그 남자는 침대시트를 둘둘 말은 것을 안고 있었고 얼굴은 약간 동남 아인의 이미지를 보였다. 그 남자에게도 방값이 너무 비싸다고 하소연했는데 지금은 다 그렇다고 하였다. 복도 끝에 있는 방에 가보니 중국에선 못 보았던 1인용 침대가 놓인 매우 작은 방이었다. 그러나 다행히 욕실이 딸려 있었다. 열쇠는 카드가 아닌 구식 열쇠였다. 짐을 풀어 놓고 곧바로 환전을 하고 돈도 더 인출해보려고 밖으로 나갔다. 그 호텔이 있는 길의 한 블록 바깥은 버스가 다니는 길이었는데 보도블록이 타일로 되어 있는 것이 특징이었다. 군데군데 곤충이나 새나 해산물 문양이 검은색 타일로 꾸며져 있었다. 거리엔 상점들이 즐비하고 은행도 눈에 몇 개 띄었다. 그러나 신용카드로 돈을 인출해보려 했으나 은행마다 다 인출이 안 되었다. 신용카드로 돈을 더 인출해서 넉넉하게 쓸 수 있나 가늠해보려고 했는데 신용카드가 안 되어서 가진 돈으로 다 해결해야 했다. 인민폐환전소에서 표준 중국어로 좀 환전을 했다. 다시 호텔로 가서 돈을 지불했는데 그 남자가 볼펜으로 영수증을 써주려고 했으나 마침 볼펜잉크가 안 나와서 좀 애를 쓰고서야 겨우 영수증을 써 주었다. 나는 방으로 돌아가 좀 쉬었다.

여태까지 중국을 다니면 항상 표준방이라며 2인용 트윈침대가 있는 방을 주는 게 보통이었는데 희한하게 작은 1인용 방을 만나 꼭 귀신을 옆에 두고 자는 것 같은 느낌을 떨쳐 버리게 되었다. 침대머리

● 1인용 호텔방

● 보도블록

엔 유리로 된 작은 스탠드가 있었는데 제법 운치 있게 생겼다. 왠지 안온하고 가보진 않았지만 유럽풍의 느낌이 나는 분위기였다. 방 안은 침침했는데 짐을 풀어놓고 침대에 잠시 누웠다가 지도를 연구해보니 지금 위치한 곳이 중심가여서 가까운 곳에 가보려고 했던 관광지가 다 있었다. 그래서 저녁 무렵 밥을 먹을 겸 관광도 할 겸 가벼운 가방과 카메라를 들고 밖으로 나갔다. 아까 환전할 때의 길을 따라 쭉 올라가면 조그만 광장이 나오고 그 광장을 따라 사람들이 움직이는 길로 거슬러 가보니 미리 검색해두었던 大三巴 牌坊(따싼빠 파이방／Ruins of St. Paul)이 있었다. 거기엔 많은 사람들이 구경 와서 사진을 찍고 있었다. 나도 사진을 찍고 계단을 올라가 보니 대포대로 난 길이 있어 그 길을 따라갔다. 조금 높은 위치에 있는 대포대로 통하는 길에는 대포가 놓여 있었고 올라가 보니 마카오시내를 한눈에 내려다볼 수 있고 성벽 같은 낮은 담에 여기저기 대포구멍이 뚫려 있

● 대포대
● 대포대 구멍

었다. 낮은 담장으로 둘러싸인 마당은 대만에서 구경했던 스페인령
이었던 어느 관광지와 같이 풀밭이었고 나지막한 네모난 건물이 있는
것이 대만에서의 그 관광지를 떠올렸다. 거기에도 대포가 있어 대포
를 배경으로 사진을 찍었던 기억이 난다. 그 관광지의 네모난 대주택
같은 건물과 풀밭마당이 아름다워서 신혼부부들이 거기에서 사진을
찍었는데 그때 데리고 간 친구가 화장한 신부들을 보며 '都是一个脸
孔。(모두 똑같이 생겼어)'라고 좀 비아냥거렸던 기억이 났다. 지금의
이곳 건물은 바로 마카오박물관으로 되어 있었다. 그러나 시간이 저녁
이라 문을 닫은 참이었다.

　따싼바 지역에는 드문드문 저녁불이 켜졌고 보슬비가 날리기 시
작했다. 그곳에서 내려와 다시 경사진 좁은 골목길로 되돌아 들어섰
다. 길을 가득 메운 사람들이 천천히 이동하는 틈에 끼어 있으니 양
쪽에 상가가 늘어섰고 사람들이 붐벼 대만의 야시장 같은 느낌이었
다. 그걸 사진으로 찍어두기 위해 걸어가다 돌아서서 뒤의 풍경을 찍
었는데 카메라에 바로 잡힌 사람들은 아무런 불평 없이 오히려 미소
짓는 표정이었다. 길을 내려오면서 보니 한곳에 사람들이 특히 붐볐
는데 포르투갈의 명물 에그타르트를 파는 곳이었다. 나도 오기 전부
터 마카오에선 에그타르트를 먹어보아야 한다는 말을 들었기에 하나
사고 싶어 끼어들었다. 박스에서 컵에 담긴 에그타르트를 꺼내 종이
팩에 6개 1세트(36달러)로 담아주는데 점원은 너무 많은 손님들 때

문에 정신이 없었다. 그리고 사람들이 서로 밀치며 사려고 아우성이었는데 나는 그 속에 끼어서 옴짝달싹 못하고 표준 중국어로 한 개라고 말하고 내게 포장해주기를 기다렸다. 컵에 구운 에그타르트를 종이박스에 한 개씩 한 개씩 쏟아 담을 때 비닐장갑을 끼고 했는데 그 손으로 여기저기서 내미는 돈을 그대로 받고 또 에그타르트를 만져 기분이 상했다. 전쟁통같은 그 분위기 속에서 그래도 안 먹어볼 수는 없다는 생각이 더 강해 그냥 나도 받아들었다. 그리고 맥도날드 같은 데서 저녁을 먹을까 하다 음식점을 찾아보면서 좀 더 내려와 등불이 환하게 밝혀진 춘절 기념조형물 등을 카메라에 담았다. 호텔 쪽으로 가는 길의 한 길목에 들어서보니 회전초밥이라 쓰인 음식점이 보였다. 마카오가 반도와 섬으로 되어 있으니 초밥을 먹어보는 것도 좋겠다 싶어 들어가 보았다. 초밥 3개를 골라 놓고 방금 산 에그타르트도 한 개 맛보았는데 찝찝한 기분이 심했지만 에그타르트는 부드러운 계란이 입에 사르르 녹게 잘 만들어진 것이었다. 나머지 5개는 내일 아침으로 먹으려고 남겨놓고 초밥을 먹었는데 거칠게 만든 편이었고 고급스러운 맛이 없었다. 계산대에 가서 계산을 치르고 호텔로 돌아왔다. 호텔은 그 번화한 길의 한 블록 안쪽 작은 골목길에 있는데 불빛이 켜져 있고 길 가에 작은 벤치도 놓여 있어 귀여운 느낌이었다.

● 거리 풍경
● 세나도 광장 춘절 기념 풍경

　방에 돌아와 쉬고 TV도 없기에 지도를 보며 주변을 연구하고 내일 어디 갈지를 생각해두었다. 마카오엔 성당이 많은 듯하니 유명한 성당을 몇 군데 보고 까모에스 공원에 가 시내를 내려다보고 공원에 있다는 포르투갈 시인이 쓴 시비를 보고 싶었다. 방은 어두컴컴해서 지도 보기가 어려웠다. 모처럼 상쾌하게 샤워하고 침대에 누웠다. 묘한 기분이 들었다. 홍콩에서 배를 타고 마카오에 온 내가 미니어처 같은 작은 호텔의 작은 방 침대에 누워 있자니 마치 이상한 나라의 앨리스 같은 기분이었다.

　이튿날 아침 일찍 일어나 씻고 에그타르트 남은 것을 먹었는데 어제 것이어서 차가웠지만 맛은 여전히 좋았다. 가방과 카메라와 지도를 들고 일단 공원을 찾아 나서려고 방문을 여니 뭔가 바닥에 떨어졌는데 문틈에 끼여 있던 작은 핀이었다. 누가 이렇게 해둔 것인지는 모르지만 그 핀은 밤새 방문을 연 흔적이 없음을 보여주는 듯했다. 아침 6시경이었는데 밖의 길은 어두웠고 인적이 드물고 버스도 적게 다녔다. 지도상으로 그 공원은 걸어서 갈 만한 거리였기에 어제 갔던 길을 거슬러 올라가 공원으로 가는 길을 찾았다. 도중에 어둡고 좁은 골목길 한쪽에서 술 취한 사람이 비틀거리며 뭐라 큰 소리를 치기에 황급히 달아났다. 마카오가 도박의 도시여서 이런 종류의 사람이 있나 싶었다. 언덕길을 올라가다 보니 성당이 보여 사진을 찍어두었다. 원래 구경하려 했던 유명한 성당은 아니었다. 거기서 더 올라가니 바로 공원이 나타났는데 아직 문을 열기엔 이른 시간이어서 어디서 시간을 보내야 할지 몰랐다. 다시 호텔 쪽으로 난 골목길이 아닌 곳으로 반듯이 내려가 보니 주유소가 하나 있고 큰 도로가 나 있었

다. 지나는 버스를 보니 지도에 있는 관광지 마각(媽閣)이 종점인 버스가 있어 거기에 올라타 동전을 운전석 옆의 투입구에 넣었다. 버스는 오래지 않아 마각에 도착했다. 마각은 대만에서도 숭배하는 바다의 여신 마조(媽祖)를 모신 불당 같은 곳인데 그 위치는 마카오 반도의 가장 남단이어서 해양박물관이 그 근처에 있었다. 몇몇 사람들이 마각 앞에서 서성거리고 있었다. 조금 시간이 지나서는 입장권을 사고 들어가기 시작했는데 마조신을 모신 사당과 특이하게 삼각형으로 생긴 향불들과 빨간 글씨가 써진 바위들이 보였다. 나와 비슷한 보조로 구경하고 있는 젊은 남녀 커플이 있었는데 날씬하게 생긴 여자는 정성스레 마조신에게 고개 숙여 절을 올리기도 하고 남자가 멀리에 있으면 이름을 불러 따라 오게 하곤 했는데 그 모습이 마조신처럼 남자를 다스리는 느낌이었다. 호감가게 생긴 젊은 남자는 순순히 말없이 그 여자가 부르는 대로 따라 다녔다. 나는 사진을 좀 찍고 향을 사르거나 절을 하지는 않고 밖으로 나왔다.

해양박물관은 아직 열지 않은 듯했다. 그보다 공원이 더 가보고 싶었기에 다시 버스를 타고 왔던 길을 잘 헤아려 주유소 근처에서 내렸다. 그

● 까모에스 정원 가는 길   ● 까모에스 정원 진입로

근처의 골목으로 거슬러 올라가니 공원은 문간에 막아놓았던 출입금지 팻말이 치워졌고 사람들이 드나들고 있었다. 공원은 생각보다 자그마했다. 마카오의 모든 것은 다 자그마한 듯하다. 약간 솟은 언덕 밑에 시비가 몇 개 놓여 있는데 바로 포르투갈의 군인이며 시인인 까모에스가 바스코 다 가마의 위업을 기려 쓴 시가 포르투갈어로 쓰여 있었다. '육지, 여기에서 끝나고, 바다, 여기에서 시작되'라는 구절로 끝난다 하였는데 방금 더 바다에 가까운 마각을 가보고 와서인지 감동이 덜 했다. 또 다른 한켠에는 그 시인의 흉상이 있어 사진을 찍었다. 언덕에 올라가 보니 바로 마카오 시내가 내려다보이는데 깔끔한 구획도시가 아닌 어지럽고 초라한 느낌의 판자촌 같은 풍경이었다. 뭔가 멋진 풍경을 느끼지 못한 것에 다소 실망하고 공원의 맑은

● 주택가   ● 시내 전경

공기를 마신 것에 만족한 채 밖으로 나왔다. 이번에는 메이꿰이 성당을 찾으려고 했는데 다른 이름의 성당만 보였다. 길의 팻말에 메이꿰이(玫瑰: 장미) 성당이 있어 그 길을 따라 가보면 성당은 안 나오고 일반주택건물들만 있었다. 높은 아파트 건물은 별로 없고 낮은 아파트가 많았으며 계단으로 된 길을 오르락내리락해야 했다. 아파트 단지에는 자동차가 세워져 있는 게 아니라 오토바이가 즐비하게 세워져 있었다. 주민들의 주된 교통수단이 오토바이인 듯했다. 이것도 역시 대만과 비슷한 점이다. 지나는 사람들에게 표준 중국어로 메이꿰이 성당을 물으면 알아듣고 여기로 가라, 저기로 가라 하는데 번번이 안 나와서 그 성당 가는 걸 포기했다.

　다시 호텔 쪽으로 돌아오다 세나도 광장 근처의 성물보관소라고

● 성물보관소

● 민정총서

쓰여 있는 포르투갈 식 건물을 사진으로 찍었다. 구마카오의 중심인 그곳은 어제 저녁 등불이 환하게 밝혀졌던 곳인데 거기에 민정총서(INSTITUTO PARA OS ASSUNTOS CIVICOS E MUNICIPAIS) 건물이 있어 들어가 둘러보았다. 아기를 안은 성모 마리아상이 보였다. 여러 가지 색의 국화꽃으로 장식된 것이 특징이었다. 마카오의 날씨가 따뜻해서 겨울인데도 노란 국화꽃이 한창이다. 밖으로 나와 눈에 띄는 다른 건물에 가보았는데 그곳은 우체국 건물이었다. 호텔 쪽으로 걸어 내려오다 보니 중국의 춘절 때처럼 거리에서 폭죽을 터뜨리는 것이 보였다. 과자점에서 선물용으로 살구로 만든 과자를 하나 샀다(30달러). 오후에 선전으로 들어갈 참이었기에 마카오를 좀 더 구경했으면 해서 호텔을 지나 더 내려가 보았다. 도중에 포르투갈 건물 식으로 지은 포트투갈 영사관이 보였다. 지도에 있는 몇 군데 관광지를 찾아 헤매었지만 제대로 찾지 못했다. 지도가 현실 건물과 맞지 않는 듯했다. 한 높다란 건물은 일부가 다른 색으로 되어 있는데 그 건물이 분명 지도상의 관광

● 폭죽   ● 포루투갈 영사관   ● 도로의 철책

지 건물일 듯해 지나는 사람에게 표준 중국어로 저 건물은 무슨 건물인가 물으니 아마 호텔 건물일 거라고 했다. 정부청사 같은 걸 개축해서 호텔로 짓는 것 같았다. 뭔가 제대로 된 관광을 못하고 다시 걸어서 호텔로 돌아가는데 길은 횡단보도 같은 것이 잘 설치되어 있지 않고 도로가 철책으로 보도와 격리되어 있으며 차들이 사람들 생각을 않고 쌩쌩 달려서 길을 건너기가 무척 어려웠다. 도박하는 사람들이 거침없이 다니라고 이렇게 해놓았나 싶었다.

호텔로 돌아가 짐을 챙겨 체크아웃을 하는데 이번에는 아줌마였고 표준 중국어는 못한다는 말 한마디만 하고 광둥어를 썼다. 보증금을 잘 거슬러 받고 자그마한 로비를 사진으로 찍어두었다. 밖으로 나와 택시를 타고 부두 터미널로 갔다. 터미널에서 선전행 배편을 알아보니 그곳은 별로 붐비지 않았고 사구항과 복항항 두 개가 있는데 다 선전행이라고 했다. 미리 알아놓고 오지 않아 어느 항구로 가야 할지 몰랐으나 선전에서 1박을 할 참은 아니었기에 선전 시내에서 멀면 지나면서 거리를 볼 수 있을 것 같아 뱃삯이 더 싼 사구항 표를 끊

● 호텔 로비

● 카레밥

● 부두

● 마카오-선전 사구항 배표

었다. 12시 출발, 1시 15분 도착인 배편으로 174달러였다. 시간
이 좀 남아 점심을 먹기로 했다. 한 패스트푸드점 스타일의 음식점으
로 갔는데 포르투갈 식 닭고기밥을 먹으려 했으나 없다고 하여 소고
기 카레밥을 시켰다(38달러). 그런데 밥이 나오면 번호를 불러주는
데 광둥어로 불러 내가 손에 쥔 37번 번호를 알아들을 수 없었다. 그
래서 한참 지나도 내 차례가 안 된 듯해서 배식구에 가서 물으니 벌
써 나온 밥을 퉁명하게 건네주었다. 거기에선 물을 제공하지 않기에
가지고 있던 생수를 카레밥을 먹으며 마셨다. 내 옆자리엔 두 남녀가
와서 앉았는데 여자가 '이리로 앉아'하니 '남자가 이리로 앉아?'라고
말하는 것 같아 한국인인가 놀라서 바라보니 그들은 광둥어로 말하
고 있었다. 중국의 방언들이 때로 우리말과 비슷한 경우가 있어 이런
착각이 들 때가 있다.

선전행 배는 economy석이었는데 홍콩—마카오행 배편보다 못한 듯했다. 좌석이 별로 깨끗하게 정리되어 있지 않았고 이용하는 손님도 적어 아무 곳에나 앉아도 되었다. 그런데 물길 위로 긴 다리가 보였다. 택시기사가 배 타고 가지 않는 방법도 있다고 했는데 그 길로 가는지도 몰랐다. 그러나 거기는 선전이 아니라 다른 도시였다. 선전으로 가는 뱃길에는 파도가 창에 요란하게 부딪쳐 그때마다 사람들이 아우성치곤 했는데 나는 피곤이 몰려 와 반쯤 자면서 갔다.

CHAPTER 2

광둥성
후이저우에서 노닐다

선전 – 중국 땅으로 들어가다

배가 선전에 도착한 후 입국절차를 거쳐야 한다. 마카오에서 배편으로 선전에 들어가는 사람은 적었는데 그중 동행이 있는 체구가 크고 나이가 있어 보이는 한 흑인 아저씨는 손에 너덜너덜한 여권을 들고 있어 많은 곳을 여행했음을 보여주고 있었다. 입국절차를 거쳐 밖으로 나오자마자 안내소에 들러 선전에 소인국이라는 관광지가 없느냐 물었다.

这里有没有小人国?	여기에 소인국 없나요?
小人国?	소인국요?
对，是旅游的地方。	네, 관광지예요.
没有。	없어요.

안내원 여자는 그런 곳 없다고 하며 옆의 남자에게 물어보았다. 그 남자는 '是不是民俗文化村？(민속문화촌 아니에요?)'라고 그 여자와 의견을 교환했다. 10여 년 전에 한 대학의 동료 교수가 선전의 소인국을 여행했었다는 말을 했기에 나도 한번 가보고 싶었는데 지금

은 없어졌는지 다른 것으로 바뀌었는지 어디로 가야 할지 알 수가 없었다. 그래서 선전의 소인국 관광을 포기하고 곧바로 광둥성에 소동파가 유배되었던 곳인 후이저우로 가기로 결정했다. 어쨌든 여기서는 사람들이 광둥어가 아닌 표준 중국어를 쓰니 드디어 중국에 들어선 느낌이었다. 후이저우로 가는 기차역까지 택시를 탔는데 내가 내린 선전의 사구항이 서쪽 항구였기에 시내 기차역까지 꽤 먼 거리여서 택시비가 80위안이 나왔다.

怎么这么贵呀?	어째 이렇게 비싼가요?
路远嘛。	멀잖아요.
多少公里?	몇 킬로예요?
二十多公里。	20킬로쯤 돼요.

　도중에 본 거리의 풍경은 가로수가 야자나무 가로수이고 해변이 바라다 보이는 풍경이었다.

선전역은 번화했다. 널다란 기차역 건물의 주변에는 높은 샹그리라 호텔 등 높은 건축물이 우뚝우뚝 솟아 있었다. 기차 편은 커다란 전광판에 출발지, 종착지 표 값이 나타나고 있었는데 심광(沈广)열차로 선전과 광저우를 직통으로 왕래하는 기차도 있었다. 구이린까지 가는 침대차는 444위안이었다. 매표소의 줄이 드디어 내 차례가 되자 신속하게 말했다.

今天去惠州的，硬座一张。
오늘 후이저우 가는 거요. 딱딱한 좌석 한 장요.

无座了。 35块。
자리 없는 표예요, 35위안입니다.

● 기차표 전광판

● 선전–후이저우 기차표

● 선전역 루오후코우안

● 역 부근

나는 후이저우가 선전에서 동쪽
으로 가야 한다고 알고 있었기에
광둥성의 동쪽으로 가는 복주행
기차를 타야 한다고 생각했는데
매표원은 강서성 구강행 표를 주
었다. 그래서 잠시 놀랐으나 곰곰
생각하니 강서성 구강 쪽으로 올
라가도 선전과 후이저우가 가까우
니 후이저우를 거쳐 다시 구강으
로 올라가는 걸로 이해하고 아무
말도 하지 않았다. 매표원이 표를
팔 때 '자리가 없다'는 말을 했는데

● 선전역

무슨 말인지 못 알아들었으나 기
차에 올라타고 보니 좌석이 없는 표인 걸 알았다.

비록 좌석이 없는 표를 샀지만 17-18객실은 비어 있어서 거기에
앉아서 갔다. 그런데 문간께의 군복을 입은 여승무원은 그 근처에 앉
은 남학생더러 일어나라면서 '到處都是座位。(곳곳마다 자리인데)'라
고 쫓아내고 자기가 거기 앉았다. 선전에서 4시 40분 기차를 탔는데
6시 반에 후이저우에 도착했다. 선전에서 두 번째 정거장이 바로 후
이저우역이었다.

후이저우에서
3박 4일

후이저우역에 당도해서 우선 매표소에 가서 이틀 후 오전에 朝州(조주)로 가는 기차표를 예매했다. 오늘 우선 후이저우에서 1박을 하고 내일 서호를 구경한 후 하루 더 숙박한 후 다음날 기차로 계속 동쪽으로 갈 생각이었다. 밖은 땅거미가 지고 있고 비가 부슬부슬 내려 추웠다. 역사 바로 옆의 편의점에서 우선 지도와 우산을 하나 샀는데 세찬 바람 속에 우산을 꼭 붙들자니 힘들게 느껴졌다. 거리를 걸어 들어가 호텔을 찾아볼 엄두가 안 났다. 역에는 택시들이 대기하고 있었다. 나는 애초에 인터넷으로 후이저우 호텔을 검색해 두었으니 거기로 가달라고 할 수도 있었지만 저녁에 당도하니 후이저우 호텔이 내가 가려는 서호에서 거리가 어떻게 되는지 알 수가 없어 결정을 내리기 어려웠다. 마침 호객을 하던 할머니가 내게로 왔다.

你要住宿吗?　　　　숙박을 원하세요?
对。　　　　　　　　네.

나는 낯선 곳에서 이런 호객꾼을 순순히 따라 가 숙박했던 적도 종종 있었기에 추운데 나와서 호객하는 할머니가 정성스럽게도 느껴져서 따라갔다. 그 할머니는 바로 길 건너편에 있다고 하면서 불빛이 비치는 낮은 건물을 가리켰다. 호텔이 아니고 여관 같은 곳으로 그런 가정집 건물 같은 곳에는 처음 가보는 것이었으나 날씨가 너무 추워 순순히 응했다. 그곳은 도로변의 여인숙으로 비슷한 여관이 몇 개 모여 있는 곳이었다. 가정집 대문 같은 문으로 안내하더니 문간에 컴퓨터가 하나 놓인 책상에 앉아 물었다.

有一天60块的。有电脑的加二十块。
하루 60위안짜리가 있어요. 컴퓨터가 있는 것은 20위안을 추가합니다.
我要有电脑的。
저는 컴퓨터가 있는 걸 원해요.
好的。
좋아요.

컴퓨터 시설이 있는 방으로 했는데 20위안 차이이고 모두해서 1박에 80위안으로 처음 구해보는 싼 방값이었다. 그 할머니가 영수증을 써주고 보증금 20위안을 보태 100위안을 받았다. 그리고 위층의 방으로 안내해주었다. 거기엔 방이 몇 개 있었는데 내 방에 들어가 보니 썰렁하고 작은 방이었다. 벽에 침대가 하나 놓여 있고 컴퓨터

● 화장실

● 여관의 컴퓨터

가 있는 책상과 그 옆에 천을 씌워 덮어 놓은 TV가 있었다. 화장실을 들여다보니 좌변기가 아닌 구식 수세식 변기인데 물이 안 나오는지 고무호스가 거기로 연결되어 있었다. 가스통이 하나 있었고 역시 고무호스가 하나 세면대에 놓여 있었다. 세면대에 물을 쓰면 그 물이 고무호스로 해서 변기로 연결되어 흐르게 되어 있었다. 정말 너무나 오랜만에 이런 불편한 화장실을 쓰게 되었다. 샤워는 당연히 불가능한 곳이었다. 그러나 날이 너무 추웠고 서호의 위치도 파악하지 못한 채 택시를 타고 후이저우 호텔로 갈 수도 없어 걸음을 줄이고 그냥 머물게 되었다. 가방을 풀어 옷을 더 껴입고 컴퓨터를 켜보았다. 낯선 곳에 머무는 것이 좀 불안하기도 하고 메일이라도 쓸 수 있는지 또는 무슨 연락이 있는지 궁금했다. 그런데 인터넷에 접속이 되지 않았다. 그래서 저녁을 먹을 차비를 하고 나가는 길에 문간에 있는 할머니에게 말했더니 며느리인지 젊은 여자를 불렀다. 그 여자가 몇 번 번호를 치라고 알려 주어서 그걸 외워 가지고 다시 올라가 컴퓨터를 연결해 보았더니 인터넷이 되었다. 신기한 느낌이 들었다. 이런 시골스런 곳에서도 컴퓨터를 갖추어 놓고 손님을 유치하려고 노력하는 것이다. 이따가 컴퓨터를 해야지 생각하고 다시 저녁을 먹으러 나가보았다. 나갈 때 보니 문간 왼편에 그 여관에 딸린 식당이 있었다. 그래도 혹시 다른 곳이 있나 도로를 좀 걸어 보았으나 노변에 음식점이 보이지 않았다. 그래서 도로 여관으로 와서 아래층의 식당으로 들어갔다. 식당엔 나무 탁자 몇 개와 TV가 한 대 놓여 있고 손님이 없었다. 내가 들어가서 앉으니 식당에서 뛰놀던 꼬마 여자애가 菜单(메뉴판)을 가지고 왔다.

清蒸鱼，土豆丝，还有一碗米饭。
생선찜, 감자채 그리고 밥 한 공기요.

그 여자애는 볼펜과 종이를 주며 적어달라고 하였다. 중국에서는 가끔 허름한 식당에서 주문을 받을 때 손님에게 써 달라는 곳이 있기도 하다. 주문을 잘 못 알아들을 때 그러는 모양이다. 그 여자애와 더 어린 남동생은 뛰어다니며 나를 이리저리 구경했다. 조금 떨어진 조리장에서는 젊은 남자가 요리를 준비하고 있었다. 거기엔 아이들 엄마로 보이는 아까 그 젊은 여자가 있었는데 그 여자는 일하지 않고 표준 체격의 남자가 안으로 들어가서 무얼 가지고 나오는 등 혼자서 진지하게 요리를 준비했다. 중국에서는 남자가 요리하는 경우가 많으니까 이상할 것도 없지만 여자는 아무 일도 안 하는 듯싶었다. 한참 지나 생선요리 접시를 날라 왔다. 밥도 가져다주었다. 생선요리는 속까지 푹 익지 않은 듯했다. 젓가락으로 생선살을 파먹는 것을 아이들이 지켜보다가 여자애가 '난 이걸 정말 좋아하는데'라고 말했다. 그래서 나도 맛있다고 말해주었다. 조금 있다 감자채볶음도 한 접시 가져다주었는데 혼자 먹기엔 너무 많은 양이었다. 감자채는 아주 잘고 길게 채를 쳤다. 내가 먹고 있을 때 한 젊은 청년이 들어와서 대각선 테이블에 등을 돌리고 앉았는데 나를 힐끔힐끔 곁눈질해 보는 게 느껴졌다. 외국인으로 생각되었을 것이다. 그 청년에게도 요리를 가져다준 후 그 집 식구들도 한켠에서 식사하는 것 같았다. 계산하려고 일어서보니 둥근 테이블에 할아버지, 할머니, 젊은 부부, 아이 둘이 둘러앉아 식사를 하고 있었다. 할아버지가 일어나 돈을 받았다. 내가 세면

● 후이저우역

● 생선 요리

● 기물 손상 시 배상가격표

대에 뜨거운 물이 안 나온다고 했더니 밥 먹던 젊은 남자는 자기가 이따가 올라가 살펴봐주겠다고 했다.

방에 돌아와 찬물로 양치질을 하고 솜 파카를 벗고 좀 편한 옷으로 갈아입고 컴퓨터를 하려 했으나 방이 너무 추워 아무것도 못하고 방 안에서 서성거렸다. 중국의 남방은 따뜻하려니 했는데 비가 오는 이런 날씨는 정말 으스스 추워 견디기 어렵다. 시멘트 바닥인 방은 난방시설이라곤 없어 썰렁했다. 아무것도 못하고 떨고 있는데 방문을 두드리는 소리가 났다. 문을 열었더니 아까 요리를 해주었던 젊은 남자가 군복외투를 껴입고 와 있었다. 그는 화장실로 들어가 가스통을 가리키며 이렇게 하고 물을 틀면 따뜻한 물이 나온다고 알려 주었는데 가스통에서 가스냄새가 흘러 나왔다. 그 남자는 가스통 사용법을 비교적 친절하게 설명해주었다.

你好像不是咱们中国人?
당신은 우리 중국인이 아닌 듯해요?

对，我是韩国人。
네, 저는 한국인입니다.

来旅游的?
여행 오셨나요?

对，我想去西湖。西湖离这儿远吗?
네. 서호에 가려고 합니다. 서호는 여기서 먼가요?

不远，10多公里。
멀지 않아요. 10킬로 정도예요.

그는 또 자기 마누라가 어떻다는 말을 한마디 했는데 별 중요한 말이 아니어서인지 잘 알아듣지 못했다. 그가 가버린 후 나는 이제 올 사람이 없기에 안심하고 씻을 준비를 하였다. 가스를 틀어 세면대에 뜨거운 물을 받아 세수를 하긴 했는데 가스냄새가 하도 지독해 머리가 아팠다. 창문이 잘 열리지 않아 조금 열어 놓았는데 추워서 얼마 안 가 닫았다. 창문에는 얄팍한 천 조각이 커튼으로 쳐져 있었다. 그 여관에 값나가는 것이라곤 없었지만 책상 위에는 일반 호텔처럼 컵 한 개에 얼마, 주전자 한 개에 얼마 이런 식으로 물건을 손상시켰을 때 내야 하는 배상액을 적은 표가 있었다. 너무 추워 컴퓨터 앞에서 뭔가를 해볼 엄두도 못 내고 침대에 앉아 지도를 연구했다. 서호는 지도로 위치를 알아보기가 어렵게 되어 있었다. 그래서 내일 날이 밝으면 택시를 타고 가야겠다고 생각했다.

잠을 자기엔 이른 시간이었으나 너무 추워 아무 것도 할 엄두가 안 나 침대 이불을 반으로 접어 반은 깔고 반은 덮은 채 자려고 했다. 청바지 안에 가방 속에 있던 스타킹과 잠옷 등 있는 옷가지를 다 꺼내 겹쳐 입고 누웠으나 덜덜 떨려 잠이 오지 않았다. 창밖으로 비 내리는 소리가 추적추적 들렸다. 빗소리는 달빛처럼 나를 따라온 듯 했다. 이 세상 어디에서 들어도 같은 소리이다. 밤새 빗소리를 들으며 이불을 끌어안고 덜덜 떨며 자는 둥 마는 둥하다 새벽 4시경에 일어나버렸다. 그 사이 잠시 잠이 들었을 수도 있지만 꼬박 밤을 새운 느낌이었다. 추웠지만 다시 가스를 연결해서 뜨거운 물을 받아 머리를 감았다. 뜨거운 물이 안 나오는 중국의 열악한 호텔에서 머문 적이 예전에도 한 번 있었는데 그때엔 주전자에 물을 데워 씻었었다. 이번에도 비슷했다. 양치컵도 더럽고 해서 고장 난 것 같은 주전자를 데워서 그 물로도 씻기도 했다. 그래도 대충 씻고 나니 잠을 못 잤는데도 상쾌한 느낌이 들었다. 밤새 옆방에서 사람들이 들고 나는 소리가 들리기도 했기에 새벽에 드라이어를 사용하기도 미안했다. 드라이를 조금 하다가 빗으로 빗어 머리를 말렸다. 그러고 보니 사람은 환경에 적응하는 적응력이 대단한 듯했다. 불편하기 짝이 없는 곳이었는데 나름대로 씻고 보니 상쾌하고 사람이 살 수 있는 곳이라고 생각되었다. 물론 한 잠도 못 잔 것을 생각하면 이곳에서 더 머물 생각은 추호도 없었다. 지도를 보면서 시간이 지나기를 기다려 짐을 다 챙겨들고 6시경에 내려갔더니 카운터 책상엔 아무도 없고 밖으로 통하는 문은 굳게 잠겨 있고 문 안에는 오토바이 두 대가 놓여 있었다. 손님이 타고 온 것으로 보였다. 도로 가방을 들고 올라가 방에 앉아 시간이 흐르길 기다리다가 7시경에 내려가 보니 할머니가 보였다. 그래서 보증금 20위안을 돌려받고 밖으로 나왔다.

역사 옆의 편의점으로 가보니 한컨에 긴 의자 몇 개가 놓여 있고 거기에서 라면을 먹는 사람들이 보였다. 라면을 하나 샀더니 주인아저씨는 능숙한 솜씨로 라면의 비닐 포장을 뜯고 종이 뚜껑을 뜯어 뜨거운 물을 받아서는 다시 종이 뚜껑으로 덮고 플라스틱 숟가락을 딱 꽂아서 내주었다. 그것을 들고 기다란 의자가 있는 곳으로 가서 앉아 먹었다. 그 의자는 폭이 좁아 운신하기가 편치는 않았지만 그런대로 간단히 식사를 할 수 있었다.

흐리고 부슬비가 내렸다. 우산은 쓰지 않아도 될 만한 엷은 비였다. 역 근처에 많이 대기하고 있는 택시를 잡아타고 말했다.

到西湖。　　　　　　　서호로 가주세요.

택시기사는 자동차는 '进不去(들어갈 수 없다)'고 하며 서호 정문에 내려 주었다. 택시기사 말로는 이곳 후이저우에도 한국인이 1만 명쯤 산다고 하였다. 서호 정문은 중국이라는 것을 확인시켜주는, 어딜 가나 으레 보이는 촌스런 느낌을 주는 종이 조형물들로 장식이 되어 있었다. 서호는 입장권을 사는 곳이 아니었다. 숙박할 호텔부터

● 서호 정문

● 서호

잡지 않은 것은 내 머릿속에 호
텔은 12시를 기점으로 숙박계산
이 시작되는 것으로 인식되어 지
금 호텔에 가면 다음 날 나올 때
1박이 아니라 초과된 것으로 계
산될 것 같아 12시 넘어 호텔에
들어갈 생각을 하고 캐리어 가방
을 들고 서호 구경을 나선 것이

● 서호가의 길

었다. 서호 정문에 들어가자마자 초입새에 있던 사진 찍어주는 기사
가 내가 지날 때 사진을 찍으라고 권했다. 나는 눈 안에 들어온 호수
가 반갑고 내가 혼자 찍으면 인물사진은 없게 되니까 기념 삼아 찍어
야겠다고 생각했다. 그 아저씨는 몇 장 찍고 그중 마음에 드는 것만

● 동파원 풍경

인화하면 된다고 나를 안심시켰다. 아저씨 말고 아가씨가 한 명 컴퓨터 담당으로 대기하고 있었다. 그 아저씨가 이끄는 대로 여기에서 한 장, 저기에서 한 장, 서호를 배경으로 여러 장을 찍었다. 그 아저씨는 내게 포즈까지 이렇게 저렇게 해보라고 권했다(그러면 속으로 꽤 사진이 잘 나올 것이라는 기대를 하게 마련이다). 내 캐리어 가방은 그 컴퓨터가 있는 곳 옆에 세워두었고 카메라와 여권이 든 숄더백도 사진 찍기에 거추장스러워 거기에 놓아둔 채였다. 그래서 나는 계속 그곳을 흘끔흘끔 보며 가방이 혹시 어떻게 되지 않나 신경을 쓰면서 사진을 찍었다. 그러나 가방들은 무사했지만 그들의 상술에는 넘어가 버렸다. 아가씨가 컴퓨터로 보여주는 사진들에 내가 확실히 오케이 표시를 하기도 전에 '이거 어때요?' 할 때마다 그렇고 그런 표정을 지었더니 다 오케이한 것으로 쳐서 인화해버린 것이다. 처음에 네가 원하는 사진만 인화하면 된다는 말과 달리 찍은 사진들 대부분을 인화해버려 돈이 낭비되었다. 기분이 좀 안 좋았다. 그들에게 이 근처에 호텔이 있냐고 물으니 정문 쪽과 반대편 쪽도 가리키며 곳곳이 호텔이라고 했다. 나는 그 자리를 떠나 서호가를 둘러 난 도로를 따라 안으로 걸어 들어갔다.

● 동파원

부슬비가 내리고 있었지만 맞아도 될 정도였다. 호수를 둘러 난 보도엔 사람들이 거의 다니지 않고 나 혼자였다. 조금 걸어가니 정원이 하나 나왔다. 열대수목 정원이었는데 동파원(東坡園)이라고 이름이 붙어 있었다. 비가 방울지니 공기도 좀 쾌적하고 열대수목과 잔디를 마주하니 기분이 더욱 상쾌했다. 캐리어 가방을 끌며 왔다갔다 거닐었다. 붉은색 조형물이 하

● 춘절 기념 낙서들　　　　● 호수가 산책로

● 담려정　　　　　　　　● 회랑

나 있었는데 깨알 같은 글씨들로 가득했다. 춘절을 기념하여 여기 왔
다 갔노라는 글과 가족평안 기념 등의 내용이었다. 별로 크지 않은
그 정원 둘레에는 담려정(啖荔亭)이라는 정자와 회랑이 있었고 청소
하는 아줌마들이 앉아서 이야기를 나누고 있었다. 나는 빨간 열매가
달린 나무를 보고 저게 중국의 남방과일 여지나무인가 물었더니 아니
라고 했다. 정자 윗부분에는 소동파가 '日啖荔枝三百顆。(하루에 여지
300알을 먹었다.)'라는 글이 써져 있었다. 회랑 의자에 앉아 좀 쉬었
다가 다시 가방을 끌고 더 위쪽으로 가보았다.

　거기엔 '동파기념관'이라고 적혀 있는 입구가 있었다. 가파른 계단
으로 되어 있는 곳인데 큰 가방을 끌며 계속 올라갔다. 계단참에 소

동파 석상이 하나 서 있는데 그곳까지 올라가 보니 예쁜 국화꽃으로 둘러져 있었다. 다시 계단을 더 올라가 회랑을 지나 기념관 안에 들어갔다. 소동파가 후이저우에 있었을 때의 사적이 전시되어 있었다. 소동파는 철종 소성원년(1064) 후이저우부사(惠州副使)로 폄적되었었다. 마을 사람들과 잘 어울리며 선정을 베풀었고 또 '홍안지기(紅顔知己:젊은 친한 친구)'라고 이름붙인 젊은 여자와의 친밀한 관계도 기록되어 있었다. 내 뒤를 따라 구경하던 중국인 아저씨들이 그 여자를 가리키며 '말하자면 여자 친구인 거지'라고 떠들었다. 그 젊은 여자는 소동파가 정적들의 박해로 멀리 후이저우까지 유배된 것을 안타까이 여기고 위로하며 지냈던 듯하다. 소동파가 배를 가리키며 이 안에 무엇이 가득한지 아느냐고 물었더니 '満肚子的不合時宜。(뱃속 가득 다 세상과 맞지 않습니다.)'라고 대답했다 한다. 소동파가 썼던 글씨도 전시되어 있었다. 그것들을 구경하고 있는데 한국에서 국제전화가 걸려 왔다. 여행오기 전에 외국에서 쓸 수 있는 신용카드를 만들어 왔는데 그것을 등록했느냐는 것이다. 내가 한국에서 등록했었는데 마카오에 갔을 때 쓰려고 했더니 안 되더라고 했더니 다시 등록해보라고 등록 방법을 알려주었다. 전화로 등록하는 것 같은데 쉽게 되지 않을 듯했다. 별로 크지 않은 그 전시관을 나와 뒤뜰로 가보니 그 '紅顔知己'가 앉아 있는 모습의 석상이 뜰에 있었다.

  가방을 덜컹거리며 끌고 계단을 내려왔다. 호숫가 길을 다시 걸어갔다. 호숫가에는 쭉쭉 뻗은 야자수와 대나무가 늘어선 길이 걷기 좋

● 욕실
● 3인용 방
● 콘센트

게 되어 있었다. 정문과 반대되는 쪽으로 가서 그 근처에 호텔이 있
나 찾아보았다. 호수를 벗어나 도로를 건너 골목길로 접어들어 가보
니 큰 호텔이 하나 보였다. 그 호텔에는 康之源상무 호텔이라고 쓰여
있었는데 어떤 남자가 그곳에서 나오면서 그리로 들어가는 나를 다소
경외스로운 눈빛으로 쳐다보는 듯했다. 프런트에 가서 빈 방이 있냐
고 물었더니 있다고 했다. 벽에 써 붙인 방값은 보통 표준 방이 500
위안이 넘었고 호화 룸은 1,100위안이라 되어 있는데 나는 1인용
빈 방이 있나 물어보았다. 종업원은 있다고 대답하더니 내게 보통방
을 198위안으로 할인해 주겠다고 해서 좋다고 했다. 여권을 건네주
었더니 그걸 보고 놀라는 표정을 지었다. 내 초췌한 몰골에 비해 여
권사진이 번듯해 보여서일까? 아니면 나이가 너무 많아서일까 알 수
없었다. 보증금을 더 추가해 지불하고 위층으로 올라갔다. 가보니
방은 넓은 3인용 방이었다. 더블 침대와 싱글 침대가 놓였고 실내가
널찍해서 가방을 얹어 놓을 곳도 널널했다. 컴퓨터 꽂는 콘센트도 있
었다. 왜 이런 3인용 방을 주었는지 알 수 없지만 이것이 빈 방이어

서 그런가 보다고 생각했다.

　일단 숙소를 정해놓았기에 하루 잘 쉴 수 있게 되어 안심이 되었다. 그런데 점심을 안 먹었기에 요기를 해야 하는데 아까 오면서 보니 허름한 시골이라 번듯한 음식점이 없을 듯했다. 그래서 호텔 안에서 시켜 먹어보려고 메뉴판을 찾아보았더니 밥과 고기볶음이 한 세트인 밥이 20위안 정도였다. 总台(프런트)로 전화를 걸었다.

饭店里面有餐厅吗?　　　호텔 안에 식당 있나요?
有啊, 我把电话转餐厅。　있어요. 식당으로 전화 바꿔 드릴께요.

음식점으로 전화가 돌려졌다.

能不能送餐到房间?　　　방에까지 음식을 배달해줄 수 있나요?
能。你要什么菜?　　　　가능해요. 무슨 요리를 원하세요?
五香牛肉饭。多少钱?　　오향 소고기밥이요. 얼마인가요?
18块。　　　　　　　　　18위안입니다.
要不要送餐费?　　　　　배달비를 내야 하나요?
不要。　　　　　　　　　필요 없어요.
谢谢。　　　　　　　　　고맙습니다.

● 소고기밥

　　잠시 지나 문 두드리는 소리가 나고 청년이 밥을 가지고 와 '可以这里放下吗?(여기에 놓아도 될까요?)'라고 묻고 잘 놓아주었는데 얼마냐고 물으니 10위안을 더 붙여서 말한다. 전화로 물은 것과 달랐지만 그래도 달라는 대로 28위안을 주었다. 비닐로 포장해 온 밥을 뜨자니 우리나라 배달음식 분위기가 났다. 실내 공기는 냉랭해서 밥과 고기에 딸린 옥수수탕을 부지런히 먹었다. 배가 그득 찼다. 그리고 좀 쉬었는데 내일 朝州로 가기 위해서는 기차표를 예매해 두는 게 좋겠다고 생각되었다.

실내가 따뜻해지라고 空调(냉난방조절기)를 켜놓고 아까 건너왔던 호숫가 도로의 버스 정거장으로 가보니 후이저우역에 가는 버스 편이 있었다. 버스비는 1위안이었다. 시골이라 호텔비도 싸고 버스비도 싼 것 같았다. 기차역에 가서 朝州행을 예매했다. 예매할 때 보니 기차를 못 탄 사람이 退票를 묻는 것이 보였다. 역무원은 그 사람에게 표 값은 되돌려 줄 수 없다고 하였다. 되돌아오는 버스는 호텔이 가까운 쪽에 맞추어 내렸는데 서호 정문 쪽으로 한 바퀴 걸어올라 가보았다. 그리고 다시 정문께로부터 걸어 들어가며 구경을 더 했다. 탑도 있었기에 올라가 보았다. 탑은 사주탑이라고 쓰여 있는데 사주는 다른 곳의 지명이다. 후이저우시 혁명위원회가 쓴 탑의 바윗돌 안내문에는 대강 다음과 같이 쓰여 있었다. 당나라 때 승려가 세운 것인

● 사주탑
● 탑 안에서
● 탑 안내문

● 탑에서 본 호수　　　　　● 호수가

데 소동파가 여기로 유배 와서 '대성탑(大聖塔)'이라 이름 붙였고 '一更山吐月, 三塔臥微瀾(밤이 되어 산은 달을 토해내는데 세 탑이 엷은 물결속에 누웠네.)'라고 읊었다 한다. 현재의 탑은 물에 높이 솟은 것 하나이니 시에서 말한 것은 아마 호수물속에 있었던 세 개의 돌탑을 가리킨 듯하다. 명청시대 개축되었고 서호8경의 하나라고 쓰여 있었다. 탑에서 막 뛰어내려온 꼬마들이 전혀 낯을 가리지 않고 내게 '阿姨, 很陡, 很陡！(아줌마, 아주 아주 가팔라요)'라고 헐떡거리며 말했다. 그 안은 정말 한 사람씩 올라갈 수 있게 좁았고 아주 가팔랐다. 군데군데 뚫린 틈으로 서호를 내다볼 수 있었다. 경치는 그다지 멋지지는 않았고 그저 호수가 한눈에 보이는 정도였다. 호수를 가로지르며 지그재그로 놓인 다리도 보였다. 꼭대기까지 올라갔다가 조심조심 다시 내려왔다. 호수를 한 바퀴 더 돌며 보니 소동파가 여지 바구니를 놓고 먹는 조각상도 있었다. 도중에 소동파옛집도 있었는데 문이 굳게 잠겨 있었다. 개방시간이 지나서였다. 내일 거기에 가보아야지 생각했다.

　마침 기념품점이 눈에 띄어 들어가 보았다. 자잘한 공예품기념품들이 전시되어 있었다. 후이저우가 외국인에게는 전혀 알려지지 않은 곳이지만 중국문학을 연구한 사람에게는 소동파의 유배의 자취로 해서 친근감을 느낄 수 있는 도시이다. 이곳에서 뭐라도 사고 싶어 조카들에게 주려고 조그만 조개로 만든 그야말로 콩알만한 기념품들

● 조개 공예품

● 오토바이 모형 열쇠 고리　　● 열쇠고리

● 경인년 기념 공예품

● 염주

몇 개와 작은 오토바이 모형 열쇠고리와 중국어로 좋은 말이 쓰여 있는 열쇠고리, 매듭기념품 등을 고르며 젊어 보이는 가게 주인남자에게 말을 걸다 이야기를 나누게 되었다.

这是惠州特产吗? 在惠州买这样的工艺品适合吗?
이건 후이저우 특산품인가요?
후이저우에서 이런 공예품을 사는 게 합당한가요?
惠州有海边, 买这样的贝壳工艺品也可以呀。
후이저우엔 해변이 있어요. 이런 조개 공예품도 괜찮지요.

후이저우의 남단이 바다라서 조개껍질로 만든 공예품이 많았다. 그걸 고르고 나서 나는 한국에서 왔다, 생각지도 못했는데 여기가 너무 추웠다는 걸 말했다.

我没想到广东这么冷。
전 광둥이 이렇게 추울지 생각지 못했어요.
广东冬天一下雨就冷, 一个星期之前穿短袖的。
광둥은 겨울철에 비만 오면 추워져요. 일 주일 전에는 반팔을 입었답니다.

그리고 여기 사람들은 광둥어를 쓰는가 물었더니 광둥어, 객가어를 쓰고 있다고 했다. 그러나 표준 중국어를 다 할 줄 안다고 했다. 내 중국어에 대해 '这样就差不多了。(이 정도면 그럭저럭 되었네요.)'라고 칭찬해주었다. 그 남자의 코치로 자잘한 선물을 다 고르고 값도 깎았다. 그 남자는 비교적 순박한 스타일로 친절하게 공예품들을 부서지지 않게 신문지 종이로 잘 싸주었다.

호텔로 돌아오는 길에 한 奶茶(밀크티)

● 나이챠(밀크티)

집이 보이기에 나이차 한 개(3위안)를 사가지고 왔다. 점심에 먹은 밥이 걸려 잘 내려가지 않는 듯해서 저녁을 먹지 않았다.

 좀 쉬었다가 찌뿌둥한 몸을 씻으려고 준비했다. 욕실의 시설은 좋았다. 뭐라고 할까 중국의 저 우주과학기술이 발달한 것과 연관이라도 있는 듯이 샤워기가 처음 보는 형식이었는데 이리저리 조작해보니 드디어 꼭대기의 커다란 둥근 원판에서 물이 쏟아져 내렸다. 물이 쏟아져 나오는 원판이 넓었기에 작은 샤워기로 샤워하는 것과 느낌이 달랐다. 편안하게 서서 충분히 여유 있게 샤워할 수 있는 새로운 형태의 샤워기였다. 모처럼 시원하게 씻고 옷가지들을 세탁했다. 샤워가운이 있기에 그걸 덧껴입고 침대에 누워 TV를 보며 쉬었다. 실내가 추웠는데 냉난방 조절기가 작동이 안 되는지 전혀 따뜻해지지 않았다. 원래 가격에서 할인해 준 방이니 냉난방 조절기가 안 되게 해 놓은 것인지도 몰라 그냥 참았다. 침대도 썰렁해서 이번에도 역시 이불을 반으로 접어 반은 깔고 반은 덮었다. 지도를 좀 보고 TV를 보다 잠이 들었다.

 이튿날 아침 서호의 아침풍경을 구경하기 위해 일찍 밖으로 나왔다. 서호에 다가가니 호수에는 아침 해가 떠오르고 있었다. 서호가

● 서호의 아침풍경

를 돌며 걷는 사람도 좀 있었다. 근처에 사는 사람 같았다. 대나무가
호위하고 있는 호숫가 길을 걸어 호수를 지그재그로 가로지른 다리를
건너가 보았다. 그 다리는 물과 닿을 듯이 낮았기에 좀 무서운 생각
도 들었다. 다리 건너편에는 숲이 나오고 逍遙堂(소요당)이라고 현판
이 걸린 옛 가옥도 있었다. 거기를 나오면 다시 호숫가의 보도이다.
서호를 반 가로질러 건너편으로 간 후 정문으로 해서 되돌아 걸었다.
 소동파옛집이 아직 문을 안 열었기에 그 근처에서 문이 열리기를
기다렸다. 9시경 문을 열어주었는데 특별한 특징이 없는 작은 정원
이 딸린 집이었다. 문 안으로 들어서면 바위가 놓인 작은 정원이고
양쪽에 집이 하나씩 있고 가운데 집이 있어 삼면이 집으로 된 구조였
다. 오른쪽 집이 사무사재(思無邪齋), 왼쪽은 서자가명(西子佳茗),
가운데 집은 덕유린당(德有鄰堂)으로 이름 붙여져 있는데 덕유린당
안을 들여다보니 벽에 대련(對聯)이 걸려 있고 커다란 중국식 원형탁
자와 8개의 의자가 놓여 있었다. 소동파가 마을 손님들과 어울려 이
야기하던 응접실 같은 곳이다. 사실 이 집이 소동파가 정말로 옛날에
여기에서 살았던 것인지는 알 수 없다. 관광객에게 보이기 위해 꾸며
놓은 것일 가능성이 높다.

● 사무사재   ● 서자가명

　구경을 마치고 호수 밖으로 걸어 나올 때 한 무리의 뒤따르는 중국 인들이 흥얼흥얼 노래를 부르는 것이 들렸다. 옛날의 중국인들은 다 거무스름한 옷을 입었고 사진 찍어 달라고 카메라를 건네면 도망치는 사람이 많았는데 왠지 중국인이 흥겨운 리듬으로 사는 느낌이 들었다. 도로변에는 나무들에 후이저우를 선전하는 글귀 '함께 백성을 돌보는 도시를 건설하자, 독거노인에 관심과 사랑을 베풀자'라는 글귀가 있어 여기에도 독거노인 문제가 사회문제이구나 싶었다.

　호텔로 돌아와 짐을 챙겼다. 오전 중으로 체크아웃을 했으나 기차를 타기엔 이른 시간이라 호텔 로비에 좀 앉아 있어도 되느냐고 물었더니 된다고 하였다. 거기에 앉아 사진을 정리하고 메모를 하고 그러는데 한 청년 종업원이 물 컵을 가져다주었다. 그냥 고맙다고 말하고 받아 마셨다. 예전에 싱가포르의 한 호텔에서는 로비에 앉아 있었더니 무슨 차를 마시겠냐고 묻고 차를 가져다주고 돈을 받았었다. 여기도 그럴 생각으로 다가온 것인가 싶기도 했으나 뭘 마실 거냐고 묻지 않은 걸 보니 꼭 그런 건 아닌 듯했다.

　잠시 뒤 정말로 짐을 다 챙겨들고 밖으로 나와 기념으로 그 호텔의 바깥 풍경을 몇 장 찍었다. 도로에 나와 보니 버스가 붐비지 않아 버

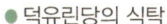
● 덕유린당의 식탁

● 덕유린당의 정면

● 도시 슬로건

스를 타고 기차역으로 갔다. 기차역에는 사람들이 붐볐다. 대합실에서 사람들이 진을 치고 열차를 기다리고 있었다. 쪼그리고 앉아 문자를 보내는 청소년들도 보였다. 좀 시간이 지체된 후 한참만에야 기차가 당도했다.

T8834次的旅客们请到第二站台上车。
T8834편 여객들은 제2플랫폼으로 가서 기차에 오르세요.

● 묵었던 호텔

　우르르 몰려가는 사람들을 따라 플랫폼으로 들어갔는데 예기치 못한 상황이 발생했다. 춘절연휴가 한창인 때라 귀성객이 많기는 한데 그래도 이렇게 심할 줄은 몰랐다. 열차를 타려고 보니 미어터지는 지하철처럼 사람들이 열차 안에 가득 차서 도저히 가방을 들고 올라탈 엄두를 낼 수 없었다. 광동성의 동쪽으로 더 가려는 계획을 포기해야했다. 용케 거기로 가더라도 다시 서쪽으로 되돌아 올 때 귀성객들이 더 많아지면 오지도 못하고 광시성에 가보려던 애초의 계획이 다 수포로 돌아갈 수도 있다. 그래서 끝내 열차에 오르지 못하고 화단에 앉아 있는 청소부 아줌마에게 물어보았다.

　明天也会这么挤吗?　　내일도 이렇게 붐빌까요?

春节高峰嘛。　　　　음력설 피크잖아요.

　분명 붐빌 것이라는 뜻이다. 허탈하게 서 있는데 다음으로 지나가
는 열차는 텅텅 비어서 가는 호화열차였다. 중국의 양극분화가 심하
다는데 기차도 이렇게 모습이 달랐다. 표를 물러야겠다고 생각했다.
표 값은 날려버렸구나 그래도 비싼 것이 아니어서 다행이라 생각했
는데 역무원에게 기차가 붐벼서 못 탔다며 표를 물려 달라 하니 아무
말 않고 표를 받고 그 액수의 돈을 그대로 거슬러 주었다.
　마침 역사 벽면에 커다란 기차역 노선도가 지하철 노선도처럼 있어
그걸 보며 광동성의 동쪽은 포기하고 이제 광동성의 수도 광저우로
돌아가서 1박을 하고 그 다음엔 소수민족자치구인 광시성으로 가야
겠다고 생각했다. 그래서 다음날 오전에 출발하는 광저우행 표를 끊
었다. 서호에 남은 소동파의 영혼이 나를 붙드는 것인가, 원래 생각
했던 것과 달리 후이저우에서 그것도 서호에서만 사흘을 보내게 되었
다. 이렇게 되면 여행이 아니라 요양 온 것 같이 된 것이다. 에라, 모
르겠다, 편하고 즐거운 게 좋으니 마음에 드는 서호에서 더 놀다 가
야겠다고 생각했다.
　버스를 타고 서호로 되돌아왔다. 아까 그 호텔엔 또 가기가 뭣해 서
호 근처의 호텔을 둘러보니 제국 호텔이라는 높다란 호텔도 보였지만
서호 물섬 쪽에 나지막하게 지어
진 서호 호텔이란 호텔 간판이
눈에 띄었다. 서호 물섬에 떠 있
는 느낌을 맛볼 수 있을 것 같았
다. 나는 평소 에버랜드 같은 곳
에 호텔을 지어 놓으면 거기에서
자고 일어났을 때 궁전에서 일어
난 느낌을 받을 수 있어 기분이

● 호텔 로비

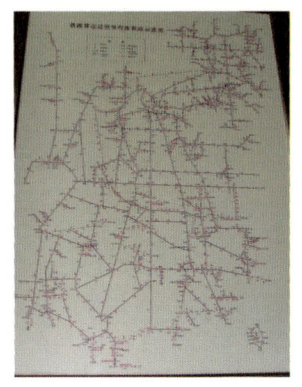
● 중국전역 열차노선도

좋을 것 같다는 생각을 했었는데 서호가 주제인 이때 서호 물섬에 지어진 호텔에서 묵는 것도 낭만적일 거라 생각되었다. 그래서 캐리어 가방을 끌고 그 호텔께로 갔다. 날은 벌써 저녁때가 되어가고 있었다. 호텔은 자그마한 호텔인데 3성급인 듯했다. 자동차를 타고 호텔로 진입하는 중국인 손님들이 많았다. 로비에 들어서서 종업원에게 다가가 빈 방이 있느냐고 물었다.

有没有空房？   빈 방 있나요?
有，几个人？   있습니다. 몇 분이세요?
我一个人。   저 혼자예요.
有一间空房，给你208，包括押金收你500。
빈 방 하나를 208위안에 드리겠어요. 보증금 합해서 500위안 받습니다.
怎么这么贵？   어째 이렇게 비싸지요?

보증금을 합쳐 이렇게 비싸게 부르는 것은 처음이었다.

春节假期嘛，都是一样。   음력설 휴가철이잖아요, 어디나 그래요.

● 서호 호텔

● 서호 호텔 입구

춘절이라 방을 구하기 어렵기 때문에 이 돈을 받아야 하고 내일 208위안을 제하고 나머지 돈은 돌려 줄 것이라고 했다. 왜 그렇게 비싸게 보증금을 받는지는 이해가 안 갔다. 더구나 영수증에 500위안을 받았다는 글씨를 쓰지 않았다. 나는 이런 영수증도 처음이라 불안했다. 500위안에서 나머지 돈을 안 주면 하루 방값이 너무 비싼 것 아닌가? 물론 서호에서 잔다는 낭만은 있지만, 그렇게 비싸면 망설여진다.

为什么收据上面没写着500块?
왜 영수증에 500위안이라고 써 주지 않나요?
没关系, 明天还给你两百九十二。
상관없어요. 내일 당신에게 292위안을 돌려줄 거예요.
真的没问题吗?   정말 문제없나요?
真的。   정말이에요.

사실 얼마 전부터인가 종이에 무언가를 쓴다는 것이 부질없는 짓이라는 것을 알게 된 나이가 된 나로서는 말을 믿으면 되지 영수증이 중요한 건 아니었다. 그 여자는 마치 나와 종이를 제거하고 마음으로 방값을 약속한 듯했다. 그래서 그냥 더 따지지 않고 안내하는 방으로 갔다. 방은 따뜻했다. 바닥은 우리나라 방바닥처럼 노란 장판을 깐 듯한 느낌이었는데 그래도 좀 차가운 느낌이라 얇은 일회용 슬리퍼를 신었다. 욕실은 드르륵 미는 미닫이문으로 된 욕실이었다. 전체적으로 볼 때 보통 크기의 표준 방으로 따뜻하고 정감 있는 색조로 꾸며졌다. 시

●호텔 내부   ●욕실

● 호수가 도로

● 호수의 밤 풍경

설들도 다 갖추어 있었다. 창 커튼을 여니 바로 서호가 있기는 한데 너저분한 기물들이 보여 멋진 풍경은 아니었다.

어제 추운 호텔 안에서 먹은 밥이 체했기 때문에 소화가 안 되어 오늘 아무 것도 안 먹었다. 그러나 너무 안 먹어도 안 될 것 같아 호텔 근처에 음식점이 있나, 특히 죽집 같은 것이 있나 둘러보았지만 호수가 도로엔 상점과 호텔들이 늘어서 있고 죽집 종류는 보이지 않았다. 그래서 호텔 안 로비 옆에 있는 식당으로 가보았다. 메뉴판을 보니 마침 鱼粥(생선죽)이 있어서 그걸 시켰는데 18위안이라고 적혀 있었지만 춘절이라 그런지 20위안 넘게 받았다. 죽은 서호에서 잡은 생선으로 만들었을 가능성이 높은데 커다란 그릇에 부드러운 흰 생선살이 든 죽으로 맛이 있어서 다 먹었다. 모처럼 맛있는 솜씨의 음식을 먹은 느낌이었다. 양치질을 한 후 카메라를 들고 호수의 밤 풍경을 찍으러 나갔다.

호숫가를 지나는 도로변 나무에는 둥그런 등이 장식되어 있었다. 호수를 두른 길에 들어서서는 돌로 된 난간에 카메라를 올려놓고 등불이 반짝이는 호수의 풍경을 찍어 보았다. 호수에 등불로 장식된 다리나 나무들이 거꾸로 비쳐 아름답게 보였다. 호수가 도로를 따라 쭉 걸어가니 낮에 보았을 때는 중국 특유의 촌스러운 느낌을 주는 종이 모양의 장식품들에 불이 환하게 밝혀져 형형색색으로 빛나는 것이 화려하고 북적대는 느낌을 주어 놀랐다. 여태껏 자연스러운 초록빛 나

● 제국 호텔　　　● 호수의 밤놀이　　　● 자동차 모형 맞추기

무들에 붉고 누렇게 장식된 이 촌스런 종이 장식들이 미관을 해친다
고 생각해 왔는데 밤이 되니 그 종이 모형 안의 등불이 켜져 거리를
화사하게 만들어주고 있었다. 호수를 따라 거니는 사람들이 꽤 많았
다. 주변에 투숙한 여행객들이 춘절연휴를 즐기러 밖에 나온 것이다.
초입새에선 돗자리에 자동차모형 박스를 늘어놓고 원반을 던져서 그것
하나에 적중하여 원반이 걸리게 하면(즉 투호놀이 비슷하게) 그걸 상
품으로 주는 곳도 있었다. 진행자는 '差一点。(조금 빗나갔어요.)' 또
는 '中了。(적중했습니다.)' 하며 게임을 진행하였다. 내 옆의 한 청년
이 시도했는데 한 개를 맞춰서 자동차 모형을 상품으로 받고 함께 온
여자 친구와 즐거워하였다. 솜사탕을 파는 곳도 있어 그걸 먹으며 걸
어가는 사람들도 있었다. 사람들은 환하게 밝혀진 길 여기저기에서
사진을 찍고 호수에 떠 있는 조형물을 배경으로도 사진을 찍었다. 지

● 식당 메뉴표　　　　　　　● 생선죽

● 후이저우대학

나가는 한 여자가 '我应该带相机来(카메라를 들고 왔어야 하는 건데)'라고 카메라를 안 가져 온 것을 후회하는 말이 들렸다. 북적대는 사람들 틈에 끼어 몇 번을 거닐었던 호수를 좀 더 걸어보다가 다시 발길을 되돌려 호텔로 돌아왔다. 중국춘절연휴에 사람들이 호숫가에서 이렇게 저녁시간을 즐긴다는 걸 알게 된 좋은 경험이었다.

호텔에 돌아와서 기념으로 소동파가 유배되었던 때와 지금을 생각하며 한시를 한 수 지어보려고 했는데 멋지게 지어지지 않아 접었다. 씻고 TV를 좀 보다가 잠이 들었다. 오랜만에 따뜻한 방에서 제대로 잤다.

지도에 따르면 근처에 후이저우대학이 있는 것 같아서 이튿날 아침 거길 찾아 호수의 안 가본 쪽으로 가보았는데 호수 위 다리로 된 진입로와 입구만 옛날 대학의 모습을 보여주고 있고 건물들은 일반 가정집 건물들과 섞여 있어서 대학 같은 자취를 느낄 수 없었다. 입구의 수위실에 후이저우대학이 여기냐고 물었더니 맞기는 한데 일부만 남겨두고 다른 곳으로 이사했다고 하였다.

다시 호텔로 돌아와 어제의 그 1층 식당을 들러보니 사람들이 테이블을 꽉 채우고 앉아서 식사하고 있었는데 나는 속이 불편해 어차피 밥을 제대로 못 먹을 것 같아 만두를 사다 방에서 먹는 게 좋겠다고 생각되었다. 마침 이 테이블 저 테이블로 대바구니에 담긴 만두 카트를 끌며 다니는 종업원들이 보였다.

可以买包子吗?　　만두 살 수 있나요?
你住这里吗?　　　당신은 여기 숙박하나요?

是的。　　　　　　　　그래요.

可以。　　　　　　　　됩니다.

我消化不好，有没有容易消化的包子?

전 소화가 안 돼요. 소화 잘 되는 만두 없나요?

　　그들은 이것저것을 들추어보며 서로 의논하다가 루오뽀 빠오(무우 만두)를 추천했다. 그걸 세 개만 싸달라고 했다. 스티로폼 도시락에 싸주기에 바로 옆의 내 방으로 들어가 책상에 앉아 먹었는데 생각보다 맛이 있었다. 쑥빛 만두피로 빚은 만두인데 그 안에 무와 새우 살이 든 만두로 속이 편하고 시원한 느낌이었다. 양치를 하고 가방을 다 챙겨서 체크아웃을 했다. 어제의 그 종업원은 약속대로 정확히 나머지 돈을 거슬러 내주었다. 도로변으로 나와 버스를 타고 후이저우 기차역으로 갔다. 기차시간이 많이 남아 역에서 기다려야 했다.

● 루오뽀 빠오(무우 만두)

CHAPTER 3

珠三角 엿보기

광저우로
이동

● 후이저우역의 여관

후이저우역에서는 사흘 전에 오자마자 묵었던 역 근처의 여관이 건너편에 바로 보인다. 후이저우역 앞은 아주 넓은 도로이고 역이 종점인 버스들이 있어 버스가 코앞에 있다. 택시들도 대기하고 있다. 시간이 많은 내가 캐리어 가방을 끌고 왔다 갔다 하는데 중년의 비교적 호감 가는 스타일로 생긴 자그마한 체구의 아저씨가 내 앞으로 오토바이를 몰고 척 나타나서 뭔가 물었다. 나를 꼬드기려는 남자인 줄 알았다.

你要去哪里?　　　　어디로 가시려고 하나요?
我要去。。。　　　　저는…….
我带你去。　　　　제가 모셔다 드리지요.

그 아저씨는 미소 짓는 표정이었다. 잠시 의아했다가 곧 상황을 헤아렸다. 이 남자는 태워다주고 돈을 받으려는 것이다.

多少钱？	얼마인가요?
100块。	100위안입니다.
这么贵呀？	이렇게 비싸요?
很远啊。	아주 멀거든요.
我看地图不太远，我想走着去。	
제가 지도를 보니 별로 멀지 않은데요. 전 걸어서 가겠어요.	
走着去要两个小时。	걸어서 가면 두 시간은 걸려요.
不可能吧？	설마 그럴 리가요?

나는 그 아저씨가 뻥치는 거라고 생각하고 혼자 걸어서 그곳에 가보려고 했다. 그런데 지도를 잘 못 읽었는지 한참 가도 그 근처의 길이 안 나와서 걸음을 되돌려 반대편으로 걸었다. 날씨는 따뜻해져서 웃옷을 벗어서 한 팔에 들고 걸었다. 가방을 끌고 지도를 들고 길을 걸어가니 역시 몇몇 지나는 오토바이들이 자꾸 빵빵거리며 호객행위를 하였으나 다 못 들은 체하고 걸어갔다. 후이저우의 자동차 번호판은 광동성을 나타내는 월(粤)자로 표시되어 있었다. 노변은 야자나무 가로수이고 열대식물이 먼지를 뒤집어쓴 채 피어 있었는데 그래도 비가 내린 뒤의 모습이라 다소 먼지가 덜한 듯했고 공기도 그런대로 좋

● 후이저우역 주변

● 자동차 번호판

● 정부청사

● 공상행정관리

● 길가

● 가로수

앉다. 기분 좋은 한가롭고 따뜻한 날씨였다. 한참 가니 높은 건물이
나타났는데 인민정부청사 같았고 옆의 건축물에는 공상행정관리라고
쓰여 있었다. 아침을 안 먹은 게 왠지 걱정이 되고 오래 걸었기에 노
변 안쪽에 앉을 만한 곳이 있으면 앉아서 한국에서 가져 온 홍삼젤리
라도 먹으며 쉬고 싶었는데 노변에 나무의자가 없고 찬 돌의자만 있
어 쉴 곳이 없었다. 더 멀리 가서 건물이 많은 번화한 곳으로 갔다가
는 되돌아 올 길이 멀 것 같고 꼭 가보고 싶은 곳도 없어 도로 걸어서
역 쪽으로 돌아왔다. 걸어 돌아오는 도중 서서 캐리어 가방에 숄더백
을 얹어 놓고 좀 쉬며 가방을 뒤져 홍삼젤리를 꺼내 몇 개 먹었다. 관
광은 안 한 것이지만 이렇게 중국 남방 시골도시의 길을 걸어보는 것
도 좋은 느낌이 들었다.

　역에 돌아와서 冰红茶를 4위안에 사고 광저우행 기차에 맞추어 기

차 대기실로 올라갔다. 광저우로 가는 기차는 후이저우-충칭행으로 적혀 있었는데 서쪽 방향으로 가니까 도중에 광저우역에서 내리면 된다. 좌석표가 있는 자리였으나 답답한 좌석에 끼어 앉기가 싫어 차실(railway compartment)과 차실이 연결된 공간에 캐리어 가방을 놓고 기대어 앉거나 서서 갔다. 그런데 거기가 흡연하는 곳이어서 담배 피우러 나오는 젊은이들이 있어 공기가 매캐했다. 한 아기 엄마는 아기를 달래러 그곳으로 나와 서성거리기도 했는데 공기가 나빠 아이에게 안 좋을 듯했다. 역에서 산 냉홍차를 마시며 내내 서서 갔는데 오랜 시간이 걸리지 않아 대략 3시간 만에 기차는 광저우역에 도착했다. 광저우역에 도착하여 플랫폼을 빠져 나와 역 건물 밖으로 나와보니 드넓은 광장에 사람들이 가득 왔다 갔다 하는 붐비는 역이었다. 도중에 경찰들이 곳곳에 있어 치안은 별 문제가 없는 듯했다. 그러나 밖의 공기는 뿌옇고 탁하기 그지없었다. 이렇게 공기가 탁한 곳은 처음인 느낌이었다.

　오기 전에 인터넷에서 광둥지방을 검색할 때 광저우 선전 등지를 주강 삼각주에 자리 잡은 번화한 곳으로 보고 珠三角(주삼각)이라고 표현한 것을 보았는데, 이 지역은 그런 지역 특성으로 한창 발전 중이어서 공기가 탁한 듯했다.

광장을 조금 둘러보고 다시 기차역 안으로 들어가 내일 난닝으로 갈 기차표를 예매하려고 했다. 매표 상황을 알리는 전광판을 보다 보니 해남도에 가는 기차 편도 있었다. 해남도에도 기차로 갈 수 있다니 신기한 생각이 들었다. 그걸 보고 나니 광둥성을 조금밖에 못 보았기에 광둥·광시를 주제로 여행한다는 테마에 너무 사로잡히지 말고 추운 판에 해남도로 갈까 하는 생각도 들었다. 즉 애초 계획과 달리 즉석에서 생각을 바꿔 발길 닿는 대로 여행하는 것도 좋을 듯한 생각이 들었다. 그러나 해남도까지 기차표가 얼마나 비쌀지 몰랐고 가서 숙소를 잡기가 어려우면 곤란한 일이다. 구이린 가는 기차표가 선전에서 444위안이었으니 400위안 대라면 구이린을 포기하고 해남도를 가는 방법도 있다. 내 차례가 되어서 매표원에게 해남도 가는 기차표가 있는가 물었더니 침대열차이고 500위안이 넘었다. 값도 비싸고 침대열차는 아직 생각지 않았기에 포기하고 다음 날 오후 3시 출발하는 난닝행을 예매했다.

광저우에 다녀 온 사람들이 한 이야기로 중신빌딩의 꼭대기에 올라가 보니 광저우 시내가 다 내려다보이고 또 아주 편안하게 쉴 수 있다고, 그리고 역 근처의 월수공원이 볼 만했다는 말을 했기에 그 두 곳만 구경하는 걸로 광저우 구경 목표를 삼았다. 그래서 오래 머물 필요 없이 오늘 저녁 그 두 곳을 보고 내일 난닝으로 출발할 참이었다. 가방을 끌고 다시 역 밖으로 나와 숙소를 찾으려고 했는데 몇 사람들 무리 중에서 한 젊은 남자가 나에게로 와 가슴팍 주머니에서 뭔가 표찰을 번개같이 내보여주며 안심시키고,

要不要住宿?	숙박을 원하시나요?
一天多少钱?	하루에 얼마인가요?
140块。	140위안요.
好的。	좋아요.

가격이 싸고 또 기차역에 가까운 곳이라고 해서 그를 따라 가기로 했다. 그 남자는 내 가방을 들어주며 앞장서서 길을 안내했다. 도로를 건너 걸어서 좀 가다가 골목으로 들어서서 한 작은 호텔로 갔다. 그 남자가 빈 방 있냐고 묻고 키를 받아서 내가 묵을 방까지 안내했는데 좋다고 하고 다시 아래층의 작은 데스크 종업원에게 가서 체크인을 하려고 할 때, 그 남자가 내가 한국인이라는 걸 밝히니 종업원은 한국인은 안 된다고 딱 잘라 말하였다. 그래서 도로 방으로 가서 가방을 들고 내려 왔다. 그 남자는 또 다른 호텔을 안내해주었다. 거기는 160위안이라고 했다. 그래서 좋다고 하고 다시 따라갔다. 역에서 좀 더 멀리 떨어진 곳으로 철로를 건너 철로변의 도로에 위치한 한 호텔이었다. 그 호텔 이름은 항영빈관(恒影賓館)이었고 철로가의 철책에 한 흑인이 걸터앉아 있는 것이 보였다. 그 호텔은 아까보다 좀 더 규모가 큰 호텔이었고 나에게 내 준 방은 퀸 사이즈 침대가 있는 방이었는데 조명이 어두컴컴했다. 종업원 아가씨가 이것저것 설명해 주었는데 친절함이 느껴지지 않고 툭툭 쏘아붙이는 말투였다. 내가 조명이 너무 어둡다고 했더니 다 그렇다고 했다. 그냥 그 방으로 결정하고 체크인을 하러 엘리베이터를 타고 내려가보니 그 남자는 아직 로비에 있었다. 나는 방값과 보증금을 데스크의 아가씨에게 냈다. 속으로 저 남자는 호텔에서 안내한 것에 대한 수고비를 받겠지, 굳이 따로 팁을 줄 필요는 없겠지 하고 생각하고 모른 체하고 고맙다는 말을 하고 방으로 다시 돌아와 버렸다.

방이 어두컴컴하고 TV는 종업원이 퉁명하게 설명한 것과 달리 안 켜져서 불편했지만, 하루 머물 곳이고 역까지 좀 멀지만 걸

● 광저우의 호텔

어갈 수 있는 거리이고 해서 그냥 참았다. 녹차를 끓여 마시며 지도를 보려고 했지만 글씨가 잘 보이지 않았다. 일단 목표는 越秀(월수)공원과 中信(중신)빌딩이다. 좀 쉬었다가 월수공원을 찾아가 보고 중신빌딩에 올라가 야경을 구경하면 된다고 생각했다.

월수공원

　큰 가방은 놓아두고 작은 숄더백과 카메라와 지도를 들고 밖으로 나섰다. 아까 역에서 한참 멀리 내려왔기에 역이 있는 곳까지 가려면 멀었다. 호텔을 안내해준 남자가 버스를 타고 가면 두 정거장이라고 했던 것 같은데 버스를 타고 싶지 않아 걸어서 역 쪽으로 갔다. 가는 데 공기가 너무 탁해 침을 뱉고 싶을 지경이었지만, 노변의 리어카에서 군밤을 팔고 있는 것이 맛있어 보여 좀 샀다. 듣기로 역 근처에 월수공원이 있다고 했는데 찾기가 쉽지 않았다. 월수공원은 광둥성 지역이 옛날에 백월(百越)지방이라 불리었고 그 월(越)자는 월(粵)자와도 통하여 베트남을 월남(越南)이라고도 하는 것인데, 월수(越秀)라

● 월수공원

● 꽃으로 만든 새 모형

면 광둥성의 빼어난 공원이란 뜻이다. 가면서 월수공원이 있는 길인
가 싶은 곳마다 걸어 들어가 보았지만 공원은 나오지 않았다. 이리저
리 헤매며 주택가를 걷고 있는데 학교가 옆에 있는 한 주택가에서 아
이를 안은 가족이 나오고 있었다. 젊은 부부가 아이를 안고 부모님
댁에 왔다가 가는 모양 같았다.

请问，越秀公园在哪里?　좀 묻겠습니다, 월수공원은 어디 있나요?
你跟着我们来吧。　　　저희를 따라 오세요.

　그래서 아이를 안은 젊은 남자와 여자를 뒤따라갔다. 그 남자의 나
이는 30대 초반으로 보였고 후이저우역에서 요리를 해주었던 남자와
비슷한 나이대로 어딘가 느낌이 비슷했다. 그것은 젊은 유부남의 느

● 뱃놀이

● 숙능생교(熟能生巧)

● 여와보천상(女娲补天像)

● 사마광잡항(司马光砸缸)

낌인지도 모르겠다. 그들은 나에게 특별히 말을 걸지 않고 자기들끼리 이야기하며 골목을 걸어갔다. 그리고 한 길목에 서서는 이리로 쭉 가면 바로 월수공원이 나온다고 하기에 고맙다 하고 그리로 향했다. 쭉 가다가 왼편을 보니 사람들이 좀 붐비고 경찰들이 서 있기에 월수공원이 어디냐고 했더니 공원 입구를 가리키며 여기가 바로 월수공원이라고 했다. 월수공원이라는 팻말 같은 건 없었다. 붉은색 문 같은 조형물로 제16회 광주원림박람회라고 쓰여 있는 문으로 사람들이 들어갔다. 입장권은 20위안이었다. 팸플릿을 들고 공원 안으로 들어가니 정면에 노란 새 두 마리를 모형으로 만들어 놓은 것이 보였다. 우선 오른쪽으로 걸어가 보았다. 조금 못 가서 먼지 뒤덮인 숲이 우거진 곳에 물길이 있고 사람들이 발로 플라스틱 배를 저으며 뱃놀이를 즐기는 공간이 보였다. 나도 뱃놀이를 할까 싶었지만 혼자서 배를 저

●살계취란(杀鸡取卵)

●동곽선생(东郭先生)

●세 명의 스님(三个和尚)

●장님 코끼리 만지기(盲人摸象)

으면 한쪽으로 기울어질까 두렵기도 하였다. 그 물가의 바윗돌에 앉아 휴지에 참았던 침을 뱉고 아까 산 밤을 꺼내 까먹었다. 밤은 잘 구워져 맛있었다. 하릴없이 뱃놀이 구경을 하며 좀 쉬다가 다시 걸어 들어가 보았다. 공원은 꽤 컸다. 한적한 곳은 좀 무서운 느낌이 들었다. 계단을 한참 올라간 곳에 女媧補天像(여와보천상)이 있고 羿(예)가 아홉 개의 태양을 쏜 것 등이 조형물로 만들어져 있었다. 그리고 고사성어 구역이라고 된 곳에는 살계취란, 동곽선생, 숙능생교, 사마광잡항, 세 명의 스님, 장님 코끼리 만지기 등 많은 고사성어들이 조각으로 표현되어 곳곳에 전시되어 있었다. 한곳에는 벽화로 한 고사의 줄거리를 그려 놓은 곳도 있었다.

이러한 점은 우리나라에 없는 중국고유의 자랑거리로 여겨졌다. 부모들은 아이들을 데리고 나와서 이런 곳에서 재미있게 산 교육을 할 수도 있겠다 싶었다. 거기에서 이리저리 사진을 찍고 온 길과 반대편으로 걸어 내려갔다. 안내 팸플릿에 한국관이 있었는데 둘레둘레 찾아도 눈에 띄게 장식해 놓은 한국관을 잘 찾을 수가 없어 포기하고 걸어 내려갔다. 고사성어 구역에는 사람이 드물었는데 걸어 내려와도 역시 사람이 드문드문했다. 입구 쪽으로 와서야 아까 정문에서 보았던 두 마리 새의 조형물이 노란 꽃으로 만들어진 것임을 알고 사진을 찍었다. 다시 거슬러 올라가 보니 가까운 곳에 화훼전시가 있어 거기에 들어가 꽃구경을 했다. 특이한 열매가 달린 열대초목도 많

● 예사구일(羿射九日)

● 고사성어 벽화

이 전시되어 있고 난초도 있어 향기가 좋았다. 전시관 입구 돌 난간에 올라 앉아 발을 흔들며 쉬면서 시간을 보냈다. 이제 남은 것은 중신빌딩을 찾아가 꼭대기에 올라가 보는 것이다.

저녁이 되면서 빗발이 날리기 시작했는데 맞아도 될 정도였다. 공원 정문으로 나가는 길을 찾지 못해 좀 헤매다 순찰을 도는 젊은 경찰 같은 청년들에게 길을 물었다.

请问，出口在哪里?   좀 묻겠습니다, 출구는 어디인가요?
往那边走。   저쪽으로 가세요.

그들은 손짓으로 친절하게 가르쳐 주었다. 밖으로 나와 앞의 경찰에게 이 근처에 지하철역은 없느냐고 물었더니 조금 걸어가면 있다고 가르쳐 주었다. 길에는 사람들이 붐볐다. 퇴근시간인 듯했다. 지하철역으로 가는 길에 길바닥에 종이를 깔고 앉아 사인(签名)을 도안해 주는 아저씨가 보여 내 이름을 한자로 사인하는 법을 고안해 달라고 해보는 것도 좋을 듯해 얼마냐고 물었더니 三样10块(3개 10위안)에 해 주겠다고 했다. 원하는 사인 3개를 고르라고 했다. 업무용 사인, 예술 사인, 교제용 사인 등 3개 형태의 사인을 고안해 주었다. 그 아저씨는 같은 한자를 조금씩 분위기가 다르게 고안하여 네모 칸이 그려진 종이에다 써주었다. 한자로 사인하는 것은 아무래도 내가 하는

● 화훼 전시

것보다 그 사람이 고안해주는 것이 훨씬 나은 듯해 기분이 좋았다.

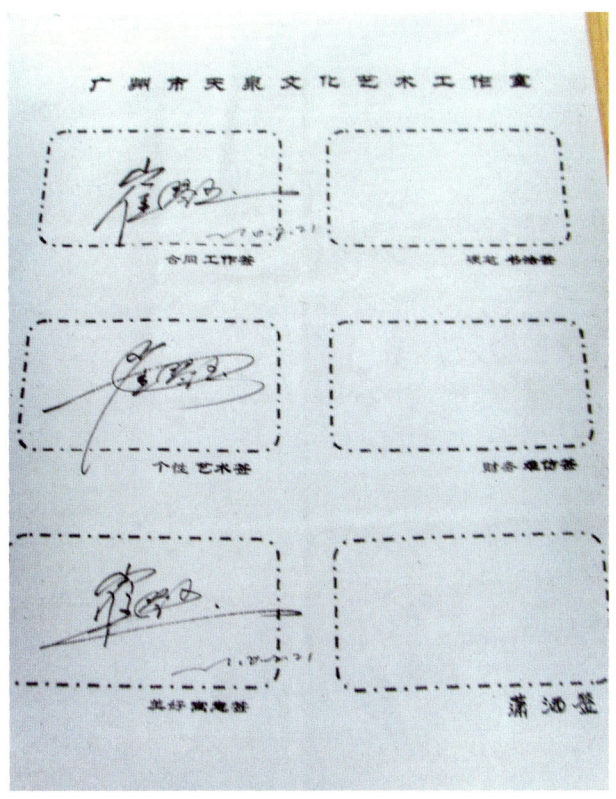

● 사인 디자인

중신빌딩
중신광장

지하철역으로 걸어 내려가 노선도를 보니 지
하철은 노선이 소략해 보였다. 지하철역명에
는 중신빌딩이 없어 어느 역으로 가야 할지 몰
랐다. 역무원에게 중신빌딩이 어디 있느냐고
물었더니 모른다고 했다. 1, 2년 전 답사 왔던
사람들이 광저우에서 가장 높은 빌딩이라고 했
었는데 모르다니, 난감했다.

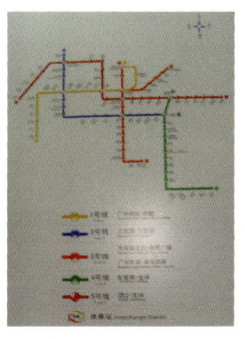

● 광저우 지하철 노선도

那广州最繁华的地方是哪里?
그럼 광저우에서 가장 번화한 곳은 어디인가요?
林和西。 린허시입니다.

나는 잘 알아듣지 못했다.

麻烦你，能不能写给我?
죄송하지만, 좀 써 주실 수 없나요?

● 광저우 건물　　　　　　　　● 중국 시장빌딩(市长大厦)

　그 사람은 말없이 종이 귀퉁이를 찢어 써주었다. 그 역 이름과 지하철 노선도를 대조해 보니, 동광저우 기차역(广州火车东站) 부근에 있는데 환승해야 그 역을 찾을 수 있었다. 지하철 요금은 4위안으로 상해와 비슷한 가격이었고 방송은 표준 중국어, 광둥어, 영어로 세 번을 했다. 역에 도착하여 밖으로 나오자마자 마천루들이 즐비하여 그것을 쳐다보려니 고개가 아팠다. 市长大厦라 적힌 한 빌딩은 온통 금빛으로 번쩍번쩍 빛나는 빌딩이었다. 중신빌딩이 80층이 넘는다는 것만 알고 왔는데 중신빌딩은 별로 유명하지가 않은 듯했다.

　한 높은 빌딩의 수위에게 중신빌딩이 어디냐고 물었더니 중신광장이라고 하며 바로 그 빌딩이라고 했다. 그곳은 이름이 중신광장으로 바뀐 듯했다. 건물 꼭대기에 커피숍이 있지 않느냐고 물었더니, 없

다며 지금은 건물 안으로 들어갈 수 없다고 하였다. 아마 사무실이
다 퇴근한 저녁 6시나 7시 이후로는 빌딩 출입을 금하는 듯했다. 그
래서 그럼 이 근처 어디 높은 빌딩에서 커피 마실 수 있는 곳이 없느
냐고 물었더니, 건너편에 가면 분명 있을 거라며 먼 곳을 가리켰다.
밖으로 나와 도로 건너편으로 가려고 나섰다. 도로는 아주 넓었고 부
슬비가 내려 낮에 먼지로 희뿌옇던 도시를 촉촉이 적시고 있었다. 사
람들은 아주 적었다. 나처럼 손에 카메라를 든 한 청년이 귀에 이어
폰을 꽂고 지나갔다. 아니, 여기가 가장 중심가이고 번화한 곳이라
면 사람들이 북적대어야 맞을 텐데 어째서 이렇게 한적한가. 빌딩들
은 문을 닫았고 널찍널찍한 도로엔 다니는 사람들이 적었다. 불야성
을 이루며 사람들이 노는 우리나라 도시 중심가와 너무나 달랐다. 어
쨌든 드넓고 드높은 빌딩들이 있는 도시 한복판을 가랑비를 맞으며
홀로 걷노라니 다소 낭만적인 느낌이 들었다. 빌딩들은 백화점이라
든가 사무실 건물들인 듯했다. 어느 빌딩의 1층엔 마카오라는 명칭
을 넣은 상점이 보이기도 했다. 그 경비가 가르쳐준 빌딩 쪽으로 가
려 했지만 너무 멀어 도중의 한 빌딩의 수위에게 여기 커피 마실만한
곳이 없느냐고 물었더니 '那边有星巴克。(저쪽에 스타벅스가 있어요.)'
라 하며 스타벅스를 알려준다. 나는 높은 곳에 올라가 야경을 보려
한 것인데 내게 그럴 운이 없나 보다. 더 이상 멀리 걸어가지 않고 다
리도 피곤하여 도로 되돌아 걸어
길모퉁이의 1층 스타벅스로 들
어갔다. 거기에서 핫 초코와 머
핀 한 개를 시켰는데 내가 자리
잡고 앉은 곳으로 가져다주었다.
40~50위안 정도일텐데 200원
을 곱하면 거의 만 원 돈이 된다.
중국의 물가가 우리나라보다 비

● 체중계

싸게 느껴졌다. 그것을 저녁으로 먹고 내렸던 지하철역으로 되돌아가 환승하여 월수공원 앞을 지나 철로에서 기차가 지나가는 걸 기다린 후 철로를 건너 호텔로 걸어 돌아왔다.

이튿날 아침, 짐을 챙겨 체크아웃을 했다. 호텔 복도에 특이하게도 몸무게 재는 저울이 있어 재보았는데 큰 변화는 없었다. 가방을 끌고 역 근처로 갔다. 기차는 오후 기차이지만 더 이상 호텔에 있을 필요가 없어 역 부근을 지나며 봐두었던 소동파의 〈적벽부〉의 한 구절에서 따온 '東方既白。(동방이 이미 밝았네.)'라는 이름의 패스트푸드점으로 아침을 먹으러 갔다. 광둥의 딤섬이 유명한데 이 집에는 죽, 국수, 만두류 등을 팔고 있었다. 죽과 만두를 시켜 먹었는데 맛이 매우 좋았다. 중국에서 만두를 먹을 때면 항상 남이 골라먹는 만두가 맛있어 보여 그야말로 '남의 떡이 커 보인다'는 말처럼 '남의 만두가 맛있어'

● 스타벅스 ● 패스트푸드점
● 아침 ● 점심

보였는데 여기서는 내 만두가 맛있다는 걸 알았다. 먼지투성이 도시인 이 광저우에서 가장 호감이 간 것은 바로 이 집의 음식이다. 2층 화장실에 큰 가방을 끌고 가서 양치질을 했다. 근처에 구경할 게 없기 때문에 2층에 앉아서 지도 등을 보며 시간을 보내고 다시 내려와 역에도 한번 가보고 하면서 점심때가 되기를 기다려 또 그 집에서 간단한 점심을 먹었다. 아침과 비슷하게 딤섬류를 먹었다. 만두 두 통과 기다란 튀김이었는데 그 튀김은 불량식품 같은 느낌이 전혀 없게 맛있게 잘 만든 것이었다. 만두 한 통마다 한 종지의 간장을 따로 주는 것 같았다. 다 먹은 후 아직도 시간이 넉넉했지만 역으로 걸음을 옮겼다.

CHAPTER 4

광시성
둘러보기

난닝의
하루

    광주에서 난닝으로 가는 열차는 오후 3시 열차였다. 지도를 보니 대략 늦어도 밤 10시경에는 도착하겠지 싶었다. 그럼 도착하자마자 호텔을 잘 찾을까 걱정스러웠다. 지금까지 보니 역 주변에 크고 작은 호텔들이 많기는 했다. 그러나 광시성 같은 소수민족자치구에 갈 때는 혹시 위험할지 모르니 비록 수도인 난닝이라 하더라도 역 바로 근처의 큰 호텔로 곧바로 가서 묵어야겠다고 생각했다. 기차에 올라 내 자리를 찾으니 열차 한 칸의 끝부분이었다. 캐리어 가방을 선반에 올려야 하는데 힘들 것 같아서 마침 짐을 올려놓고 있는 젊은 남자에게 '可以帮我把这个行李也放上去一下吗?(이 가방도 좀 올려 주시겠습니까?)'라고 부탁했는데 실수로 중국어를 잘못 말해 외국인인 게 들통나버려 좀 떨떠름했다. 내 자리는 벽쪽 의자를 마주한 좌석의 창가 자리였고 내 옆에 그 남자 그리고 또 한 여자 이렇게 셋이 앉았고 벽을 기댄 내 맞은편 자리엔 고등학생으로 보이는 남학생과 그 엄마가 앉았다.

    나를 마주해서 앉은 고등학생은 계속 손으로 얼굴을 가리고 엎드려 자거나 엄마에게 기대어 눈을 감고 있었다. 나는 이제 광시성만 다니면 홍콩으로 돌아가 귀국할 참이기에 난닝에서 구이린에 간 다음 선전으로 돌아가 거기에서 홍콩으로 가는 것을 연구하려고 선전시 지도를 꺼내 펼쳐 보았다. 그러다가 자연스럽게 왼쪽 옆의 남자와 말문이 터서 그 남자에게 선전에서 홍콩 들어가는 방법을 물어보았다. 선전까지가 중국이고 거기서 출국심사를 하고 홍콩으로 들어가 그 다음에 공항으로 가야 하는데 20년 전의 공항은 홍콩의 동북쪽에 있었지만, 새로 생긴 신공항은 서북쪽에 위치했기에 가는 방법을 알 수 없었다. 기차로 선전역에 도착해도 관문만 넘으면 바로 홍콩이긴 하지만, 거기에서 공항까지 가는 빠른 노선을 알아두어야 비행기를 놓치지 않을 수가 있다. 그 남자는 선전역에서 루오후코우안으로 가서 홍콩을 가면 된다고 했다. 맞은편 아줌마도 자기 언니가 홍콩에 사는데 선전에서 홍콩은 걸어서 통과할 수 있다고 했다. 물론 출국심사를 거친 후이겠지만. 그러니까 선전과 홍콩은, 즉 홍콩의 북부인 구룡반도는 중국과 연결된 육지인데 경계가 있는 서로 다른 구역이고 선전에서 홍콩이 가깝더라도 출국 심사 후 공항까지 얼마나 걸려 도착하는 지가 관건인 것이다. 시간이 빠듯하면 택시를 타고 가야겠다고 생각했다.

홍콩 이야기를 하다 보니 사람들이 나의 이번 여행에 대해 물어서 홍콩의 맥도날드에서 밤새고 빅토리아피크에 올라갔다가 마카오에서 1박했다가 선전을 거쳐 후이저우로 가서 며칠 있다가 광주에 갔다가 지금 난닝 가는 길이라고 했다. 내 옆의 남자는 후이저우에 뭐 볼 게 있다고 사흘이나 있었냐고 기가 막혀 했다. 나는 그래도 좋았다고 말해주었다. 마카오는 생각보다 별 볼 게 없었다고 했더니 다들 거기는 도박이나 하러 가는 곳이고 '没什么好玩儿的。(놀만한 곳이 없다.)'고 맞장구를 쳤다. 거기의 베네치아 호텔을 못 가보아 서운하다고 했더니 처음엔 무슨 호텔인가 하더니 아줌마가 '아, 维恩娜饭店!(비엔나 호텔!)'라고 알아 맞췄다. 거기에서 우리나라 판 流星花园(꽃보다 남자)를 찍었다고 말해주었다. 그 남자는 이 열차는 쿤밍행 열차라고 알려주면서 쿤밍이 가볼만한 곳이라고 했다. 나도 알고 있지만 다음 기회에 갈 것이고 이번에는 난닝에 갔다가 구이린에 갈 생각이라고 말해주었다.

그들은 또 내가 한국의 어디에 사는 지 집값은 어느 정도 되는 지 궁금해 했다. 경기도에 산다고 하고 낡은 아파트는 1억 5천만 원대 새 아파트는 3억 원대한다고 했더니 '北京上海的房价已经超过了韩国.(북경과 상해의 집값은 이미 한국을 추월했다.)'고 했다. 사람들이 대출을 받아 아파트를 많이 산다고 하니 자기네도 그렇다고 했다. 돈 얘기를 하다 보니 환율이 많이 올라서 중국물가가 비싸게 느껴진다고 말해주었다. 환전할 때 옛날 기억에 사로잡혀 인민폐가 홍콩달러보다 비싼 걸 모르고 있었다고 말해주었다. 그 남자가 한국 돈에 대해 물었다.

韩币最高的面额是多少钱?
한국 돈은 액면가가 가장 비싼 게 얼마예요?
最近有了五万块的纸币。
최근에 5만 원 권이 나왔어요
港币最贵的是1000块。
홍콩돈은 제일 비싼 게 1,000달러랍니다.

맞은편의 아줌마는 시골스럽게 생겼지만 말하는 것은 자못 교양 있는 편이었고 자기 아들이 '老是孩子气.(맨날 어린애처럼 군다.)'라고 하며 머리칼을 쓰다듬어주곤 했다. 아들이 홍콩에 가는 걸 좋아해서 매년 한 번씩 간다고도 했다. 젊은 남자의 옆에 앉은 여자는 아무 말이 없었는데 둘이 부부인 줄 알았는데 각기 모르는 사이였다.

열차 복도로 종업원이 음료수, 과일 등 먹을 것을 팔며 다니기에 수박(西瓜)을 조그맣게 썰어 파는 것을 샀다. 그들에게 권해 보았으나, 다들 안 먹으려 해서 나만 먹었는데 알고 보니 아무런 단맛이 느껴지지 않는 맛없는 수박이었다. 중국인과 중국어로 말하다보면 자연스레 중국어를 가르치는 선생이라는 말이 나오고 어디에서 가르치느냐고 물으면 대학에서 가르친다고 하게 되고 또 고전한문도 함께 가르친다는 말을 하게 된다. 이번에 이 사람들은 가족 이야기나 결혼 여부를 묻지 않는 것이 신기했다. 예전의 열차에서는 그런 걸 묻고 결혼을 안 한 건 절반의 실패라고 불쌍하게 보았는데 지금은 그런 분위기가 아닌 모양이었다.

중국이 가난한 곳은 매우 가난하지만 대도시들은 한국보다 물가가 비쌀 지경이다 보니 그들은 이제 대만도 시시하게 보는 듯했다. 대만이 중국에 매달리는 것이 마치 북한이 남한에 매달리는 것과 같다고 했다. 북한의 정치구조는 정말 문제라고 하기에 중국도 공산당 1당 독재인 게 아니냐, 김정일 정권은 혈연관계의 계승인데 공산당도 마치 양아들 같은 사람에게 정권을 넘겨주는 것 아니냐고 했더니 그런 게 아니다, 전혀 혈연관계가 없는 사람을 잘 발굴해 배양해서 지도자로 만들고 길어야 5년씩 두 번만 주석을 할 수 있으니 최대 10년밖에 못 한다고 했다. 또 명절이야기를 하다가 우리나라는 추석을 쇠는데 너네는 안 쇠지 않느냐, 그런데 인터넷 중국방송으로 중국도 추석을 쇠야 한다는 이야기가 나오는 걸 들었다고 했더니, 그렇다며 国庆节(국경절)인 10월 1일과 추석이 가깝긴 하지만 십 년에 한 번 추석이 그 기간과 겹칠 정도이고 대부분은 몇 주일이나 한 달씩 떨어져 있기가 쉬우니 하루쯤 추석을 공휴일로 지정할 수도 있다고 했다. 그 아줌마는 십 년을 말하면서 발음을 잘 못 알아들을까 우려되는지 두 손가락으로 십자가 모양을 만들어 보였다.

저녁 무렵이 되자 그 아줌마는 아들을 데리고 餐车(식당 칸)으로 간다면서 일어섰다. 그동안 접한 승객들은 대부분 자리에 앉아서 도시락을 사먹는 편인데 의외로 교양 있게 행동을 한다. 맞은편 자리가 빈 틈을 타 내 옆의 남자가 맞은편으로 가 앉아서 더 대화를 나누었다. 그 남자는 무슨 건축회사의 설계 일을 한다고 하면서 名片(명함)

을 건네주었다.

这是我的名片。　　　이것은 제 명함입니다.
我也有名片。　　　　저도 명함이 있어요.

　나도 명함 만든 것을 건네주었다. 명함을 보고 전화번호를 보더니
전화가 되는지 시험해보겠다고 하기에 걸어보라고 했는데, 휴대폰으
로 전화가 연결되지 않았다. 나도 사실 되다 안 되다 해서 정확히 거
는 법을 알려줄 수 없었다. 그 남자는 내 휴대폰을 한참 구경했다.
내가 이건 아이폰은 아니고 보통 휴대폰이라고 말해주었다. 이메일
은 확실히 잘 연락될 테니 나중에 이메일을 보내라고 했다. 내 옆의
옆 여자와 그 남자에게 주려고 가방을 한참 뒤져 홍삼젤리사탕 두 개
를 꺼내 맛보라고 했다. 남자는 금방 받아먹었는데 몹시 말 수가 적
고 순박하게 생긴 젊은 여자는 한참 사양하다가 '真的有高丽蔘的味道
吗？(정말로 고려인삼의 맛이 있어요?)'하고는 마침내 받아먹었다.
그 여자는 몇 마디 말을 안 했는데 기억나는 말은 항상 일에 쫓겨 아
무 것도 할 틈이 없다고 한 말이다. 그 여자는 생머리에 전혀 화장을
하지 않은 순박한 얼굴이었다. 그리고 얼마 지나지 않아 내려야 한다
고 하면서 떠나가 버렸다.
　식당 칸에 갔던 아줌마와 아들이 돌아오자 그 남자는 다시 내 옆으
로 옮겨 앉았다. 아줌마가 자
기는 기차를 타면 항상 식당 칸
에서 먹는다고 했다. 도시락 사
먹는 것보다 조금 비싸지만 맛
이 좋다고 했다. 그래서 나도
그 남자에게 같이 식당차에 가
지 않겠냐고 물었지만, 남자는

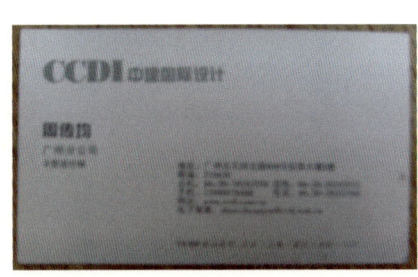
● 명함

고개를 저으며 '我不饿。(나는 배고프지 않아요.)'라고 했다. 아줌마가 좀 불만스러워하는 듯했다. 그 남자에게 결혼한 지 몇 년 되었냐고 물은 것 같았다. 내가 보기엔 젊어 보였는데 중국인들은 그 얼굴이면 당연히 결혼한 남자로 생각하는가 보았다. 결혼한 지 2년 되었고 아직 아이는 없다고 했다. 나는 이 열차가 난닝에 몇 시쯤 도착할지 궁금해서 옆의 그 남자에게 물었다.

大概几点到南宁?　　대략 몇 시쯤 난닝에 도착하나요?
可能是明天凌晨两三点。　아마 내일 새벽 두세 시쯤 될 거예요.

　나는 깜짝 놀랐다. 열차 속도가 느린 것 같았지만, 광둥성 광주에서 광시성 난닝까지 그렇게 먼 거리가 아닌 줄 알았는데 밤에 도착하는 게 아니고 새벽 도착이라니. 내가 그럼 역 부근의 맥도날드 같은 데 가서 날이 새기를 기다려야겠다고 했더니 남자는 나갈 필요 없다, 역 안에 켄터키 같은 게 있을 테니 거기에 있으면 된다고 했다. 그 아줌마와 아들은 좀 지나자 내려야 한다고 하며 짐을 꺼내려고 일어섰다. 내 옆의 남자가 얼른 일어나서 그 아줌마네 짐이 이거냐 저거냐 물으며 대신 내려주었다. 아줌마가 가방에서 겉 외투를 꺼내 걸치니 좀 더 세련되어 보였다. 나는 웃으며 '认识你很高兴, 再见!(알게 되어서 아주 기뻐요, 안녕히 가세요!)'하고 작별인사를 건넸다. 아줌마는 자기네가 앉았던 벽 쪽 자리가 더 편하다고 나더러 그리로 가 앉으라고 권했다. 내 옆의 남자도 함께 그렇게 권해 결국 그 아줌마네가 앉았던 자리로 바꿔 앉았다.

홍삼젤리 사탕

　광주에서 함께 출발했던 일행이 도중에 내리고 그 남자와 나만 마주

앉게 되었다. 저녁 시간이 지났는데 식당 칸에 가보고 싶었지만 짐을 두고 혼자 가기가 좀 걱정스러웠다. 도시락 파는 사람이 지나갈 때 나는 도시락을 사먹어야겠다고 생각했는데 종업원을 붙들어 세우지 못했다. 내가 혼잣말로 '도시락을 사먹고 싶은데'라고 했더니 그 남자가 지나간 종업원을 불러 되돌아오게 했다. 내가 그 남자 도시락도 사주겠다고 하니 극구 배고프지 않다며 사양했다. 아홉시가 다 되어가는데, 그 남자는 밥을 왜 안 먹는지 몰랐다. 나는 혼자 먹어 미안하다고 하고 도시락을 맛있게 먹었다. 그 남자는 자기네 회사의 ID카드(신분증)이라며 목걸이형으로 된 출입카드 같은 걸 보여 주고 또 자기가 설계한 설계도를 보여주었다. 아파트나 주택의 설계도였다. 내 오른쪽 옆에 서 있던 웬 뚱뚱한 몸집의 남자가 슬금슬금 내 옆에 와서 앉았다. 아마 좌석표가 없는데 빈자리가 보이니 그냥 앉은 것 같았다. 내 맞은편 남자의 옆으로도 어떤 남자가 와서 앉으려고 하니 그 남자는 의자에 길게 누우며 '我要睡两个小时。(몇 시간 자야겠다.)'라고 했다. 그 남자가 남의 편의를 봐주지 않는다고 생각하면서도 한편으로는 내게는 친절하니까 고맙게 생각되었다. 그 남자는 한쪽 다리를 세운 자세로 바로 누웠다가 가끔씩 등을 보이고 돌아눕고 하며 눈을 감고 쉬었다. 그 자리 곁에는 좌석이 없는 남자가 계속 서 있었다. 열두 시가 되어가니 나도 계속 앉아 있는 것이 힘들게 느껴졌다. 옆쪽 줄의 좌석에는 갓난아기를 안은 젊은 부부와 그 친구들로 보이는 사람들이 웃으며 이야기를 하고 있었고 열차 안의 사람들은 대부분 잠을 자는 듯했다. 나는 드디어 일어나서 차실과 차실이 이어진 공간에서 벽에 기대어 좀 서 있었다. 내가 앉았던 좌석의 옆쪽 좌석의 갓난아기의 아빠가 포대기에 싸인 아이를 안고 왔다 갔다 했다. 아기 아빠는 퍽 어려 보였다. 아기가 울어대자 엄마가 안아주었다. 엄마 품에서는 울지 않고 가만히 있었다. 나는 서 있는 게 더 나아서 난닝에 갈 때까지 계속 서 있어야겠다고 생각했다.

숄더백을 메고 서 있는 상태였는데 식당 칸이 어떤가 궁금해서 가방을 멘 채 열차 칸을 거슬러 걸어갔다. 사람들은 좌석에 널브러져 자는 사람들이 많았고 열차 복도에 서 있는 사람들은 내가 지날 때 순순히 비켜 주었다. 몇 칸 건너가니 餐车(식당 칸)가 나타났는데 거기에도 사람들이 식탁 위에 이리저리 쓰러져 자고 있었다. 종업원에게 음료수가 있느냐고 물으니 가격을 알려주었다. 거스름돈을 친절하게 주고 음료를 내주었다. 내 자리께로 돌아와 빈 공간에 서서 오렌지주스를 마시니 조금 정신이 상쾌해졌다. 이제 난닝에 도착할 때까지 얼마 안 남은 듯했다. 내가 서 있는 차실과 차실 사이의 공간의 반대편에 작은 문이 있었는데, 체구가 큰 승무원이 거기 문을 열고 들어가 일지 같은 데다 무얼 썼다. 그러고는 문을 닫고 나와 내 맞은편에 선 채로 계속 있었다. 기차가 덜컹거리는 대로 몸이 흔들거리며 그 남자는 한참을 그렇게 서 있다가 다른 열차 칸으로 사라졌다. 왜 그런지 좀 부자연스럽게 느껴졌다.

밤 열차의 차창으로는 어두컴컴한 밖이 보이고 정류장 말패 같은 것이 안 보이는데다 무슨 역이라고 방송도 안 해서 대체 사람들이 어떻게 자기가 내릴 역인지 알아보고 내리는지 신기했다. 그런데 난닝이 가까워오니 젊은 부부가 앉은 자리 쪽에서 '快到南宁站了.(난닝역에 곧 도착이다.)'라고 해서 알아챘다. 그들도 난닝에서 내리는 듯했다. 내 자리께로 가니 젊은 남자는 일어나 앉아 있었다.

你不下车吗?　　　　당신은 내리지 않나요?
还要走两站。　　　　아직 두 정거장 더 가야 합니다.

그 남자는 선반 위의 내 짐을 친절하게 내려주었다. 고마운 길벗이었다. 나중에 이메일로 연락을 주고받자고 하고 난닝역에서 내렸다.

새벽시간이기에 길을 머뭇거리고 있으면 수상한 사람이 다가올까

봐 빠른 걸음으로 캐리어 가방을 끌며 개찰구로 나갔다. 역사 안에는 켄터키 같은 것이 없었다. 사람들이 매우 많았고 광주역에서도 불안한 느낌이 없었기에 비록 소수민족자치구인 곳이지만 겁먹지 않고 역 밖으로 나가보았다. 역 앞에는 항상 너른 광장이 있게 마련인데 난닝역도 마찬가지였고 특이한 것은 어두컴컴한 속에 사람들이 자리를 펴고 삼삼오오 앉아 있거나 누워있는 것이었다. 예전에 인터넷에서 찾은 북경역 사진에, 밤에 광장에 앉아 있는 사람들을 보고 학생들은 저건 뭐하는 사람들인가요? 노숙자인가요? 하고 물었었는데 명쾌한 대답을 해주지 못했었다. 알고 보니 이렇게 어중간한 새벽에 역에 떨어진 사람들은 다음 열차시간을 기다리기 위해서 밤을 새우고 있는 것이었다. 역 광장을 한번 휘둘러보고 다른 때처럼 다음 행선지의 열차표를 예매해두기 위해 售票亭(매표소)으로 갔다. 그 안에도 여기저기 앉아 있는 사람들이 많아 그들을 비켜 지나가야 했다. 다음 행선지인 桂林(구이린)의 열차표를 사려고 줄서서 기다렸다. 내 앞 사람이 표를 사는 동안 售票员(매표원)은 다소 호기심 어린 눈으로 그 사람 너머에 있는 나를 건너다보았다. 새벽 시간에 외국인으로 보이는 키 작은 여자가 혼자 표를 사려고 하니 호기심이 생겼나 보다. 왠지 한눈에 나를 외국인으로 알아보는 게 이 소수민족자치구 역의 특징 같았다. 나는 파마머리에 회색 솜 재킷을 입고 있었는데 중국인에게 파마머리는 드물고 회색 옷을 입은 사람도 거의 못 보았다. 대부분 검은색 아니면 빨강색이 많았다. 나는 새벽인 것을 크게 염두에 두지 않고 오늘인지 내일인지 불분명하지만 습관적으로 말했다.

明天去桂林的，硬坐，一张。
내일 구이린 가는 거요. 딱딱한 좌석으로 한 장이요.
上午八点的可以吗?　　오전 여덟 시 것 괜찮나요?
可以。　　　　　　　좋아요.

그렇게 표를 예매하고 하루 동안 난닝을 간단히 돌아볼 생각이었다. 표를 예매했기에 마음이 놓여 다시 역 광장으로 나왔다. 주변을 돌아보니 호텔이나 여관들이 많은데 모두 '客滿(손님 다 참)' 또는 '滿客'이라고 팻말을 내걸어 놓고 있었다. 조금 길을 걸어가 샛길로 들어가니 거기에도 좀 큰 호텔이 있는데 문이 열려 있었지만 데스크에 사람은 없었다. 바로 옆 빌딩에 젊은 경비가 앉아 있기에 이 호텔에 빈방 있겠냐고 물었더니 사람을 불러 물어보라는 것이다. 가격대도 200위안 안쪽이어서 괜찮지만 잠에 떨어진 사람을 깨우기가 미안해서 그냥 나왔다. 샛길이어도 큰 길이라 켄터키 같은 것이 없나 둘러보았지만 맥도날드나 켄터키는 보이지 않았다. 다시 역 광장 쪽으로 거슬러 올라가서 반대편으로 가보았는데 그쪽도 번듯한 호텔이나 작은 여관이 다 客滿이었다. 역 앞 큰길가 한 작은 여관에 불이 켜져 있고 문이 열려 있었는데 역시 데스크엔 사람은 없었다. 그 여관 문 바로 앞에 캐리어 가방을 놓고 가방 위에 걸터앉았다. 사람들이 가끔씩 지나가고 있었지만 혹시 무슨 일이 있으면 문 열린 여관 안에서 사람이 나와 구조해줄 수 있으리라 생각했다. 어떤 키 큰 말쑥한 3, 40대 남자가 역시 작은 캐리어 가방을 끌고 천천히 길을 거슬러 올라왔다. 그 사람도 투숙할 곳을 못 구해서 왔다 갔다 하는 듯했다. 마치 연극 무대 위에서 행인을 마주친 느낌이었다. 그 사람은 잠시 머뭇거리다 다시 길을 되돌아 사라졌다. 지나다니는 사람들은 드물고 시간은 새벽 4시가 채 안되었다. 내 등 뒤의 여관 문 안쪽에서 쥐가 지나치는 움직임이 보였다. 옛날 중국의 열차에서는 쥐가 돌아다녔기에 내가 옆줄의 어떤 아저씨 의자 팔걸이에 다리를 올리고 있기도 했었는데, 그 아저씨는 순박하게도 아무 말도 안 했다. 그때 종업원이 지나갈 때 쥐가 있다고 하니 빗자루를 들고 와 바닥에 가득한 꽈즈(瓜子) 껍질 등 음식물 쓰레기를 쓸어내었었다. 그 후로 중국 열차는 많이 깨끗해진 듯한데 이 난닝의 여관에는 쥐가 있었다. 우주만물은 서로 다

관련이 있다고 볼 수 있으니 쥐띠인 내가 한국에서 멀리 난닝까지 왔더니 쥐가 반가워서 존재를 환기시키는 것 아니겠는가? 크게 꺼림칙하지는 않았다.

어두컴컴해서 난닝의 공기가 광저우에 비해 어떤 상태인지 잘 분별이 안 되었다. 소수민족자치구이니까 혹시 공기가 맑지는 않을까 기대하고는 있었지만, 날이 밝아봐야 확실히 알 것 같았다. 이 시간에 움직이는 사람들이라곤 거의 없고 넝마주머니를 들고 쓰레기통을 뒤지며 다니는 할아버지만 보였다.

4시가 넘어서 캐리어 가방에서 일어나 길가에 '24小时营业(24시간 영업)'이라고 쓰인 자그만 桂林米粉(구이린 쌀국수)집에 들어가 보았다. 청년 두 명이 주방에서 일하고 있었다. 좌석이 몇 개 안 되는 작은 음식점이었다. 우선 자리를 잡고 앉았다. 한 아저씨가 들어와서 뭐라고 청년들에게 말을 걸고 米粉을 받아먹는데 그릇에 데친 면과 국물을 담아서 네모난 철판그릇 몇 개에 담긴 양념 같은 것을 얹어주었다. 그 아저씨가 후루룩 국수를 비우고 나가는 동안 나는 주문을 않고 그냥 앉아 있었다. 시간이 많았기에. 그리고 그들은 나를 상대하려고 들지도 않았다. 오픈된 주방 너머를 보니 米粉국물을 고무다라 같은 것에 담아서 불 위의 양철통에 붓는 것 같았다. 뜨거운 국물을 고무다라에 담는 게 깨끗지 못하게 생각되었다. 한 청년은 뭔가 칼로 썰고 있었는데 새벽에 인적 드문 곳에서 칼질하는 소리를 들으니 마치 옛날 이야기에 깊은 숲속의 인가에 들렀더니 방 밖에서 칼을 가는 소리가 들렸다고 서술한 대목이 연상되었다. 그렇지만 그들이 나를 죽일 것 같

● 구이린 미펀

은 생각은 안 들었다. 내가 주방으로 다가가 '米粉!(미펀요!/쌀국수요!)'하고 주문했더니 '你要几样?(몇 가지를 원하세요?)' 한다. 대만에 있을 때 팥빙수 같은 걸 사 먹으면 그 위에 얹는 것을 몇 가지를 할 것이냐고 물었던 기억이 나서 철판 그릇 앞의 양념들 중 몇 가지를 원하는가 묻는 것으로 이해하고 '三样!(세 가지요!)'이라고 대답했더니 그릇에 면을 데쳐 담고 국물을 퍼 담고 양념을 세 가지 얹어서 주었다. 桂林米粉이 가장 유명한 것인지 상해에서도 먹어보았는데 여기서는 양념을 몇 가지 얹는지 물어보고 해주는 것이다. 그런데 계속 고무다라가 생각 나 국물은 안 먹고 면만 건져 먹었다. 면발은 아주 졸깃졸깃했다. 가격도 10위안 정도였다.

먹고 나서도 시간을 때우기 위해 자리를 뜨지 않고 계속 더 앉아 있었다. 어떤 사람이 또 와서 먹고 계산하려고 하니 한 청년이 계산대로 가기에 나도 계산을 했다. 그러면서 '南宁最繁华的地方在哪里?(난닝에서 가장 번화한 곳은 어딘가요?)'하고 물으니 埌东이라고 말해 못 알아듣겠어서 광저우에서처럼 써달라고 했더니 미소를 지으며 써주었다.

그 집을 나와 길을 또 왔다 갔다 해도 날이 밝기엔 아직 일렀다. 다시 길가에서 캐리어 가방위에 앉아 보았는데 눈꺼풀이 내려앉을 것처럼 졸렸다. 그래서 일어나 길을 걸었다. 약간 추운 듯했다. 청소부들이 청소하기 시작했고 가판대 아줌마가 수레 위에 팔 것을 늘어놓고 있는 게 보였다. 그 아줌마한테 豆浆(콩국물)을 주문하고 '热的。(뜨거운 거요.)'라고 했는데 미지근한 것을 주었다. 그 아줌마와 잠시 이야기하며 시간을 보냈다.

在南宁一定要去的地方是哪里? 你可以给我推荐一下吗?
난닝에서 꼭 가야할 곳은 어디예요? 좀 추천해 주실 수 있나요?
好象南宁没有什么值得去的地方。

난닝에는 가볼 만한 곳이 없는 것 같아요.

南宁很好啊。绿化很好，空气好。

난닝은 아주 좋아요. 녹화가 잘 되어 있고 공기가 좋아요.

真的吗?

정말인가요?(아직 컴컴해서인지 공기의 정체를 잘 알 수 없었다)

南宁是开过东盟会议的城市。

난닝은 동남아시아연맹회의가 열렸던 도시예요.

  南宁이 东盟(동남아시아연맹 회의)가 열렸던 국제도시이니 그 기념관에 가보라고 했다. 그 아줌마는 야구모자챙을 위로 꺾어 올려 쓴 모습이었는데 난닝이 유명한 곳이라고 반박하는 그 모습은 마치 팔짝 뛰는 개구리 같은 이미지를 풍겼다. 내 주변에는 난닝에 대해 아는 사람이 별로 없다고 하니 '你回去报道一下.(너 귀국하면 선전 좀 해라.)'하며 난닝을 잘 선전해 달라고 하였다.

  가방을 끌고 역 오른편의 큰 호텔에 가보았는데 데스크에 小姐(아가씨)가 보여 '有没有空房?(빈 방 있나요?)'하고 물으니 7시부터 손님을 받는다고 했다. 그 호텔 앞에서 또 캐리어 가방 위에 좀 앉아 있었으나 7시까지 되려면 아직 멀었고 졸음이 쏟아졌다. 단체여행객들이 우르르 그 호텔로 체크인하고 들어가는 것 같은데 나한테는 아직 체크아웃한 사람이 없으니 손님을 받을 수 없다는 것이 속상했다. 그 호텔 문에는 服务员(종업원)을 구한다고 써 붙여 놓았는데 월급이 800元이어서 이렇게 적은 돈을 받고 일하는 도시에서는 지갑을 잘

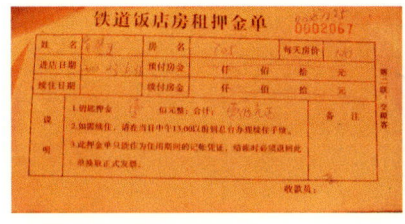

● 영수증 1-방값과 보증금

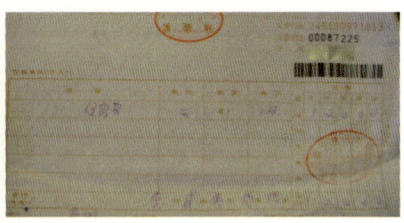

● 영수증 2-방값

간수해야겠다는 생각이 들었다. 그러나 자꾸 졸음이 와 다시 가방을 끌고 역 광장 앞을 지나 반대편으로 갔다. 반대편에도 역에 가장 가까운 호텔이 있는데 오른편보다 가격이 좀 더 쌌다. 그래도 3성급이라 씌어 있어서 웬만하면 역에 가장 가까운 이 호텔

●청소 전의 호텔방 앞

에 묵어야겠다고 생각해두었다. 그 호텔을 지나쳐 길을 더 배회하고 버스 정류장의 팻말에서 埌東도 찾아보았다. 7시경 다시 역 왼편의 호텔로 돌아와 보니 문이 열려 있고 데스크에 사람이 보였다. 그래서 들어가서 빈 방 있냐고 물었더니 아직 청소를 안 했다고 기다리라고 한다. 몇몇 사람들이 데스크에 나와서 체크아웃을 했다. 나는 한 옆에 서서 기다렸는데 조금 지나자 데스크의 小姐가 청소가 아직 안 끝났어도 방에 가서 기다리라고 하고 체크인 수속을 했다. 방값은 생각보다 싸게 120위안을 불렀고 열쇠보증금을 합쳐 220위안을 냈다. 여권을 복사하고 내가 서류에 사인하자 열쇠를 주어서 곧 7층으로 올라갔더니 방문이 닫혀 있고 방 앞에 청소도구와 시트더미가 담긴 수레가 있었다. 다시 캐리어 가방에 걸터앉아 눈을 감고 있으니 아줌마가 와서 문을 열고 들어가라고 한다. 들어가서 나는 소파에 앉고 그 아줌마는 급히 시트를 갈고 화장실을 청소하고 나갔다. 드디어 잠을 잘 수 있는 내 공간이 주어진 것이다. 화장실에서 양치질만 하고 곧바로 침대에 쓰러져 잤다. 역 바로 옆의 호텔이라 소음이 엄청나게 심했지만 정신없이 자고 깨어보니 오전 11시쯤 되었다. 씻고 나서 米粉집의 청년이 가르쳐준 대로 제일 번화하다는 埌東으로 가려고 길을 나섰다.

버스정류장에 버스가 많이 왔는데 종점이 埌東站(랑똥역)이라고

쓰인 버스가 와서 얼른 탔다. 버스비는 1元으로 저렴했다. 내리고 보니 거기는 무슨 고속버스정류장같이 사람들이 많고 버스가 많이 들락거렸다. 아무리 봐도 번화한 건물은 없고 그 정류장 뒤편은 아파트 단지였다. 많은 사람들이 있는 곳에서 방황하고 있기도 뭣해 잡지 판매대에서 지도를 사서 잠시 서서 살펴보았지만 여기가 어딘지 알 수 없었다. 그래서 일단 아파트 단지와 반대되는 편으로 계속 걸었다. 길은 대로로 넓은 길이었고 가랑비가 약간씩 날리는 편이었다. 공기는 역시나 그리 맑지 못했다. 지나치는 사람들은 특별히 소수민족 자치구의 티가 나지 않았다. 걷다가 서서 지도를 보다가 또 계속 걸어가니 좀 번화한 곳이 나왔다. 꽤 높은 건물이 보였고 건물에 航洋 Mall과 巴黎春天百货(파리 봄날 백화점)이라고 쓰여 있었다. 그 안을 들어가 보았다. 손님이 매우 적었고 2층의 여성복 코너의 옷들은

● 가로수와 청소부

● 파리 봄날 백화점

● 백화점 앞 노천상점들

● 航洋 Mall

중국의 다른 백화점 옷들보다 세련되고 파스텔 톤의 여성스러운 디자인들이어서 내가 돈이 많다면 옷을 좀 샀으면 좋겠다는 생각이 들 정도였다. 백화점 이름이 巴黎(빠리)라고 되어 있으니 어쩌면 파리 패션일지도 모르겠다는 생각이 들었다. 그 백화점 앞으로 나오니 건물 앞의 통로 길 건너엔 노천 음식점들이 죽 있는 것이 싱가포르의 오챠드 거리와 약간 비슷한 느낌이었다. 싱가포르만큼 번화하지는 않고 노천 음식점의 음식들도 중국식 국수 같은 것으로 별로 맛있어 보이진 않았지만 건축 배열구조가 백화점과 그 앞의 길 그리고 건너편의 노천 음식점들이 싱가포르의 백화점 앞 거리와 매우 비슷했다. 노천 음식점 옆의 한 음료수 가게에서 음료수를 하나 사면서 물었다.

埮東在哪儿?	랑동은 어디에 있나요?
这里就是埮東。	여기가 바로 랑동이에요.
你要购物吗?	물건을 사시려구요?
我想看看。	그냥 좀 보려구요.

음료수를 파는 청년은 큰 키에 눈이 좀 패인 듯하고 얼굴빛이 약간 거무스름해서 동남아계열에 가깝게 보였다. 음료수를 마시며 좀 더 내려가 보니 월마트도 보였다.

시간이 오후 2시경 되었기에 점심을 먹으러 백화점 1층으로 들어

●돌솥밥

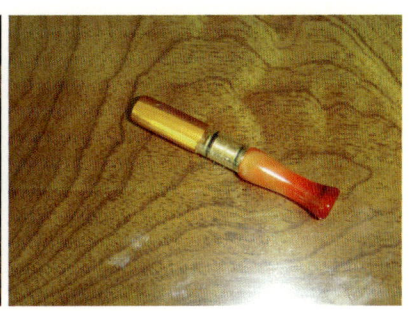
●곰방대

갔더니 한 돌솥비빔밥 같은 집에 사람이 바글바글했다. 나도 그 안에 들어가 구석의 빈자리에 앉았다. 한참 후에 종업원이 와서 주문을 받았는데 石锅饭(돌솥밥)가격은 28元이었다. 종업원은 위아래 청색 바지차림인데 허리띠를 맸고 머리는 무늬 있는 수건을 둘러쓴 차림이어서 약간 소수민족 복장 분위기가 났다. 곁에 사람들이 점심 때 여기에 오면 앉을 자리가 없다는 말을 하는데 표준 중국어로 말했고 종업원도 표준 중국어로 응대했다. 밥을 기다리는 동안 지도를 들여다보니 대강 위치를 알 것 같았다. 아까 埌東站은 埌東고속버스정류장인 것이고 여기가 埌東이고 중심가라 근처에 바로 東盟기념관이 있었다. 돌솥밥은 입맛에 잘 맞았다. 밥을 다 먹고 나올 때 들고 갔던 음료수 병을 깜박 잊고 나온 채 백화점 앞 통로를 걸어가고 있는데 뒤에서 '小姐!(아가씨!)'라고 부르는 소리가 났다.

你的饮料!　　　　　당신 음료요.
谢谢。　　　　　　고맙습니다.

　내가 지도를 펴고 보는 등 외국관광객같이 행동해서인지 친절하게 음료수병을 가져다준 것이다. 길을 좀 더 내려가면서 보니 한 건물엔 영어 delicious를 음역하여 쓴 제과점 간판도 보였다. 월마트 간판도 보여 들어가 보았다. 보통의 큰 슈퍼라 안에는 들어갈 필요가 없

●월마트

●음역 외래어 간판

기에 그 앞에서 팔고 있는 烟嘴(곰방대)가 보여서 아버지께 선물할까 싶어 눈여겨보았더니 50~60元 정도 가격이었다. 살까말까 망설이다 상품에 비해 값이 비싸게 느껴져 그냥 두었다.

　　東盟(동남아시아연맹)기념관은 그 백화점 앞 대로의 건너편 쪽에 있는데 길을 어떻게 건너가는지 잘 몰라 지나가는 아가씨들에게 물으니 백화점 쪽과 더 먼 앞쪽을 가리키는데 내 눈에는 백화점 쪽에 한 사람이 서 있는 것이 보여 그 사람이 있는 쪽으로 갔다. 2층 버스도 있고 차들이 쌩쌩 달리는데 대로를 건너서 반대편으로 가는 것이 상당히 위험해 보였다. 나중에 건너편에서 보니 육교가 있었고 그 아가씨가 한 말은 天桥(육교)였는데 내가 잘 못 알아듣고 또 왠지 눈에 길을 건너려는 사람만 보이고 육교가 보이지 않아서 위험하게도 큰 길을 차가 없을 때를 기다려서 건너간 것이다. 그 기념관은 왕관모양

● 2층 버스

● 난닝국제회의전시센터

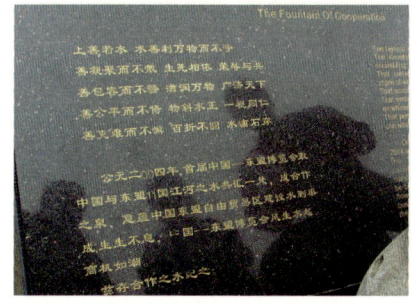

● 합작의 샘물 초석

● 전시센터 잔디 벽의 글씨

의 건축물과 큰 공터로 이루어져 있는데 명칭이 南宁国际会展中心 (난닝국제회의전시센터)였다. 넓은 공터는 걷기에 힘들 정도로 넓었고 건축물에 다가가서 안을 구경하려 했더니 회의가 있을 때만 문을 연다며 들여보내 주지 않았다. 건축물 근처에 合作之泉(합작의 샘물)이라 새긴 돌이 있는데, 돌에는 중국과 东盟을 합친 11개국의 강물을 모아 합작의 샘물을 만들고 중국과 东盟의 자유무역구 건설이, 물이 끊임없이 흐르듯이 영원하기를 기원한다는 글이 새겨져 있었다. 그 합작의 샘물을 上善若水(최상의 선은 물과 같다)라는 노자의 글귀들을 인용하여 만든 것이 인상적이었다. 공터의 한쪽 벽은 잔디로 되어 있는데, 거기에 'CAEXPO 10+1 相聚在南宁 Welcome to Nanning' 이라고 잔디로 도톰하게 글씨를 새겨 놓았다. 东盟은 처음엔 말레이시아, 인도네시아 등 몇 개국에서 시작하여 지금은 10+3체

● 광시대학 정문

● 대강당

● 외국어대학

● 교내 건물

●운동장

●호수

제로 회의가 열리곤 한다. 즉 동남아연맹에 속한 10개국과 한·중·일 3개국을 합쳐 10+3이라고 하는 것이다. 그러니까 동남아연맹과 중국 한 나라와의 국제회의인 10+1 회의가 난닝에서 열렸던 것이다.

그 근처엔 중국의 큰 도시에 대개 있는 인민기념관 같은 것이 또 있었지만, 그 건축물에로는 가까이 가지 않고 백화점 근처의 버스정류장으로 가서 팻말을 보니 광시대학에 서는 버스도 있어 그리로 가려고 버스에 올라탔다. 버스 안에는 사람들이 많은 편이어서 계속 서 있었다. 버스정류장을 안내하는 방송이 있어서 편리했지만 심하게 졸려서 계속 서 있으려니 피곤했다. 한 시간 넘게 도시의 면모를 구경했는데 번듯한 곳도 많지만 또 북한의 헐벗은 건물보다 더 낡은, 귀신 나올 듯한 가난한 동네도 있었다. 버스가 드디어 광시대학역에 서자 내려서 도로에서 왼편으로 꺾어지니 광시대학이라고 번체자 글씨로 쓴 바위 팻말이 보이고 궁전기둥 같은 기둥들이 몇 개 보이며 널찍한 진입로가 나왔다. 뿌연 중국의 탁한 공기가 몽환적인 느낌을 주는 가운데 정면 쪽에 커다란 건축물이 신기루처

●체육관

●학교 건물 분포도

럼 솟아 있었다.

그 건축물께로 걸어가니 한 중년 남녀가 건축물 빈 공간에서 사교 댄스를 연습하고 있었다. 그 건물을 통과해 더 가다가 다가오는 여학생에게 물었다.

这座大楼是什么？	이 빌딩은 무엇인가요?
是图书馆吗？	도서관인가요?
大礼堂。	대강당이에요.
是礼拜的地方吗？	예배드리는 곳인가요?
不是，是用来举行大的会议，联欢会什么的地方。	
아니에요, 큰 회의나 모임같은 것을 거행하는 곳입니다.	

갑작스러워 잘못 알아듣고 이렇게 물으니 피식 웃으며 대규모 모임, 联欢会(친목회) 같은 것을 거행하는 장소라고 한다. 조금 더 가니 외국어 대학 건물도 있고 매점 같은 건물도 보였다. 거기에서 한 여학생의 오토바이에 올라타는 또 다른 여학생에게 도서관은 어디냐고 물으니 너무 먼 곳을 가리켜 가볼 엄두가 안 나 포기하고 발길을 돌렸다. 중국의 대학들은 규모가 상당히 큰 경우가 많은데 이 대학도 건물 안에 인력거가 다니고 도로도 '무슨 로'라고 이름이 붙여져 있을 만큼 마치 거리를 다니듯이 넓어 다 구경할 수가 없었다. 운동장에서 운동하는 학생들도 보였고 작은 호수와 정원 같은 길도 있었다. 걸음을 되돌려 버스 정류장 쪽으로 나왔다.

● 여지-붉은색, 롱앤-옅은 갈색, 망과-노란색

버스 내렸던 곳의 반대 방향에서 타야 하니까 신호등이 켜지기를 기다리고 있는데 사람들이 나를 쳐다보는 것 같았다. 사람들은 거무스름한 옷에 피부색도 좀 거무스름한 사람이 많은데 남들이 안 입는 회색 옷에 청바지에 파마머리에 지도와 물병을 들고 있으니 외국인인 걸 알고 쳐다보는 것 같았다. 횡단보도를 건너 알아두었던 길 쪽으로 가는 버스를 타고 도중에 내려 南宁火车站(난닝기차역)으로 가는 버스를 갈아타고 무사히 기차역에 도착했다. 역 근처를 보니 허름한 식당들만 보이고 너무나 피곤해서 밥 먹을 집을 찾기가 싫어 대신 과일을 좀 샀다. 후이저우에 없던 荔枝(여지)가 여기에는 리치모양으로 생긴 것이 많이 있어 그걸 사고 龙眼(롱앤)도 사고 망과 두 개를 샀다. 20~30元어치였다. 호텔로 돌아와 과일을 실컷 먹고 일찌감치 씻고 잤다. 내일 아침 구이린에 가는 기차시간에 맞춰 여유 있게 깨야 했기에 일찍 잠을 청한 것이다.

구이린 1일
관광(桂林1日游)

    아침 8시 기차였으므로 일찍 일어나 호텔방 안의 컵라면을 먹고 샤워를 하고 호텔안의 이것저것을 사진을 찍었다. 침대에 누워서 담배 피우지 말라는 경고 표지도 있었다. 그런데 방을 나서기 전에 다시 기차표를 확인해보니 날짜가 어제 날짜로 된 기차표였다. 그러니까 난닝에 새벽에 도착한 날, 내일 구이린에 가는 표를 달라고 했는데 그 말을 할 당시가 이미 내일이어서 23일표를 준 것이다. 황급히 总台로 내려와 체크아웃을 했다. 방에 있는 라면을 먹었기에 라면 값 4위안을 제하고 押金(보증금) 96위안을 되돌려 받았다. 시간이 아직

● 라면

● 금지사항 안내표지

이르니 혹시 구이린에 가는 표를 살 수 있을지도 몰랐다. 마음을 졸이며 내 순서가 되자 내가 말을 꺼냈다.

我买错了票。
표를 잘못 샀어요.
有没有今天上午去桂林的?
오늘 오전에 구이린 가는 것 없나요?
有，有八点的还有十点的，你要哪个?
있어요. 8시 것과 10시 것이 있어요. 어느 걸 원하세요?
八点的。
8시 것이요.

이렇게 해서 새로 기차표를 샀다. 이것은 내 잘못도 있고 또 오직 구이린에 갈 수만 있다면 좋을 것 같아서 표를 물러주지는 않느냐고 따지지 않았다.

桂林은 옛날부터 잡지나 영상을 통해 그 아름다운 풍광을 보았기에 꼭 가보고 싶은 관광지였다. 거기에 내가 혼자 가는 것을 누가 만류한 것일까? 누군가 좋은 사람과 같이 가라고 한 번 더 생각할 틈을 준 것일까? 왜 구이린행 표를 두 번 사게 되었는지? 예매했던 시간대가 애매했으니 23일과 24일을 분명히 구분하지 않은 것이 피차간에 문제였던 것이지만, 마음 한구석에서는 구이린행 표를 두 번 사게 된

● 난닝-구이린행 기차표 1

● 난닝-구이린행 기차표 2

● 대합실 　　　　● 대합실 풍경 　　　　　● 플랫폼으로 들어가는 곳

것이 무언가 내 마음을 시험하는 듯 여겨졌다.

　이제 마지막 여행지인 구이린으로 출발하기 위해 대합실로 들어갔다. 그 대합실은 다른 곳보다 보기에 좀 예뻐 보였다. 관광지로 가는 기차의 대합실이어서 그런가 보다 싶었다. 그러나 손님들은 소파에 누워 있는 등 중국다운 흐트러진 모습을 보였다. 기차가 플랫폼에 도착했다는 방송에 따라 進站口(역진입구)에 들어가 기차에 올랐다. 그 기차는 2층 기차였고 내 좌석표가 2층 것인데 올라가 보니 천장이 나지막하여 짐칸에 내가 스스로 짐을 올릴 수 있었다. 그래서 아무에게도 말을 건네지 않아도 되었다. 내 맞은편에는 이십대 후반이나 삼십대 초반쯤으로 보이는 젊은 남자가 비교적 말쑥한 차림새로 앉았고 내 옆자리에는 중고등학생쯤으로 보이는 남학생 두 명이 앉았는데 그들은 짐칸이 꽉 찼기에 짐가방을 내 좌석 밑에 밀어넣어 다리를 편히 펴고 앉을 수가 없었다.

　지도상으로 보아 구이린은 광시성의 동북쪽에 위치하고 있고 도중에 당송8대가의 한 사람이었던 柳宗元(유종원)이 유배되었던 柳州(유주)를 거쳐 지나가게 된다. 매표원이 12시쯤 도착한다고 했으니 그곳에 도착하면 우선 선전으로 돌아갈 기차표를 예매해두고 구이린 관광을 해야겠다고 작정했다. 다리를 편히 펴지 못해 불편했지만 12시 정도까지는 충분히 견딜 수 있을 것 같아 도중에 일어나 움직일 생각이 들지 않았다. 맞은편 남자는 깨끗한 옷차림으로 보아 고향에서 춘절을 쇠고 근무지로 돌아가는 사람일지도 모른다는 생각이 들었다. 다 구이린으로 관광을 간다고 생각하면 안 될 것이다. 시선을 차창 밖으로 고정시키고 하염없이 풍경을 바라보는데 두 시간도 안 가서 이미 구이린의 산과 비슷한 형태의 산이 나타났다. 어찌된 일인지 벌써 구이린일 리는 없을 텐데. 그런 산이 보이면서 방송으로 광둥어 노래가 흘러나오니 낭만적인 느낌이 들었다. 柳州(유주)라고 하는 방송을 들었지만, 차창 밖으로는 번화한 도시 풍경이 보이지 않았다. 유주는 조그만 시골도시인 듯했다. 중국 여행에서 기차 차창너머로 오래 흠모해왔던 구이린의 산과 유사한 산들이 보이며 광둥어 노래가 들리는 건 이번이 처음이라 누군가 친한 사람과 같이 가지 않는다 해도 기분은 좋았다.

12시 조금 넘어 드디어 구이린에 도착했다. 도착하자마자 우선 내일 저녁 선전으로 돌아갈 軟臥(침대차표)를 예매하려고 하였는데 약간 우려했던 대로 표가 없었다. 이때 어떤 남자가 다가와서 선전행 기차표를 보여주며 말을 걸었다.

我老板想要去深圳, 有事不能去了。你买吧!
우리 사장님이 선전에 가려고 하셨는데 일이 있어 못 가게 되었어요. 당신이 사세요.

그런데 자세히 보니 보통의 기차표와 좀 다른 느낌이었다. 그래서 이것이 이른 바 암표가 아닌가 싶어 '기차표가 좀 이상하다. 안 사겠다', 그러니까 웃으면서 순순히 물러났다.

여기저기 기웃거려도 시간만 흐르고 내일 저녁 밤차로 선전에 못 가면 다음날 홍콩에서 한국으로 귀국하는 비행기를 놓치게 될 판이라 초조해졌다. 여행사가 있으려니 싶었는데 다행히 기차역 코앞에 여행사가 있어 쑥 들어갔다.

● 구이린-선전행 침대차 기차표

업무를 보던 여사원이 나를 자리에 앉히기에 자초지종을 말했다.

我明天晚上一定要坐特快软卧，这样才来得及从香港坐飞机回韩国。还有我想明天参加桂林1日游。

전 내일 저녁에 반드시 빠른 침대차를 타야 홍콩으로 돌아가서 한국으로 귀국할 수가 있어요. 그리고 전 내일 구이린 1일 관광에 참여하고 싶어요.

可以。你找到宾馆了吗？

됩니다. 당신은 호텔을 구했나요?

没有。

아니요.

80块的行不行？

80위안짜리는 괜찮은가요? (내 행색이 초라해서 싼 호텔을 이야기한 듯했다.)

我要160块左右的。

전 160위안 정도 하는 걸 원해요.

　그 여자는 길 바로 건너편에 3성급 호텔이 있는데 150위안 정도라고 하였다. 그리고 하루 여행비 280元를 포함해서 430위안 정도로 잡았다. 괜찮겠냐고 해서 그렇다고 했다. 남은 문제는 어떻게든 선전행 야간열차표를 구하는 것이라고 했더니 가능할 것이라고 하고는

● 호텔방

● 호텔 창밖 풍경

남자 老板(사장)을 전화로 오라고 했다. 내가 그 여자와 상담하기 시작한 후로 이 손님은 확실한 손님이다 싶었는지 다른 손님들이 들어와 묻는 것에는 건성으로 대했다. 북경행 비행기 표가 있느냐, 얼마냐고 묻는 사람도 있었는데 단호히 '1,000块!' 식으로 대답하니 다들 한숨을 쉬며 나갔다. 기차표는 없고 비행기 표는 비싸고 고향에서 직장으로 돌아가야 하고 그래서 다들 난리였다. 체구가 큰 삼십대쯤으로 보이는 남자 老板은 내가 선전행 야간열차표를 꼭 구해야 한다며 오전에 홍콩에 도착해야 한다고 하니 고개를 끄덕이며 여기저기 전화해보고 들락날락하더니 드디어 표를 보여 주며 '票买到了，是卧铺上层。(표 샀어요, 침대차 위 칸이에요.)'라고 했다. 그도 그러려니 세상일의 상식상 여행사에서는 표를 미리 확보해두는 게 뻔하지 않는가? 비록 종이쪽지 한 장일지라도 그 작은 표가 귀국을 보장해주는 황송한 부적처럼 느껴졌다. 그 사람은 호텔, 여행비, 기차표(426元) 합쳐서 856위안이라고 하면서 내일 여행 일정이 적힌 팸플릿으로 간략히 설명해주고 영수증을 쓰고 사인하라고 했다. 그래서 드디어 일정의 윤곽이 잡혔고 그 남자는 나를 길 건너 호텔로 안내해주겠다고 따라 나섰다. 내 가방을 들어주겠다고 해서 큰 캐리어는 내가 끌고 작은 가방을 건네주었다. 으레 하는 말로 중국어 잘한다, 하면 오래 배웠다고 하고 어디 여행한 거냐고 해서 그동안의 여행지를 쭉 읊어주다 보니 바로 길 건너 호텔에 곧 도착했다. 호텔종업원은 내 여권을 달라고 하고 신참 종업원에게 어떻게 외국인의 체크인을 하는 지를 가르쳐주는 듯했다. 대강 되어갈 듯하자 그 남자는 내일 아침 7시에 가이드가 로비에서 방 번호를 대고 나를 찾으면 그 사람을 따라 가라고 하고 떠났다. 체크인이 끝나고 엘리베이터로 11층의 방으로 올라갔다.

방은 만족스러운 편이었고 커튼을 열어젖히니 고층 아파트 건물과 구이린의 도시 풍경 너머로 산봉우리가 보였다. 고적한 방 안에서 홀로 산을 마주하니 비록 도시화가 되어 건물이 가리고 있지만 옛날에 李白이 읊은 〈獨坐敬亭山〉이라는 시가 생각났다. 그 시는 다음과 같다.

衆鳥高飛盡　　뭇 새들 높이 날기 그쳤고
孤雲獨去閑　　외로운 구름만 한가로이 흐르네.
相看兩不厭　　서로 바라다보아 싫증나지 않는 건
只有敬亭山　　오직 경정산뿐이라네.

　산이 보고 보아도 질리지 않고 내일은 멋진 병풍 같은 산들을 구경한다는 기대에 흐뭇했다. 점심을 못 먹었기에 어제 먹다 남은 과일이 있던 것과 땅콩을 까먹고 분명 발마사지를 하는 곳이 있을 것 같아 발을 씻고 양말을 갈아 신은 후 내려가 보았다. 3층엔가 마사지실이 있었는데 지금 시간에는 업무를 안 하니 이따 6시 이후에 오라고 해서 도로 호텔방으로 돌아와 누워 TV를 보며 쉬었다. 구이린관광을 여행사에서 기획한 것에 따라 할 것이니 따로 구이린 시내를 돌아볼 생각은 들지 않았다. 아까 역에서의 분위기가 역시 사람들이 북적대고 공기는 탁하고 그랬는데 창밖으로 멀리 보이는 산을 보며 설마 구이린의 산수 속으로 들어가면 태산이나 여산 등등 중국의 유명한 산의 깊숙한 곳에 들어갔을 때 느끼는 것처럼 맑은 공기를 맛볼 수 있으려니 기대했다. 기대가 엄청 컸다. 중국대륙에서 산수로 유명한

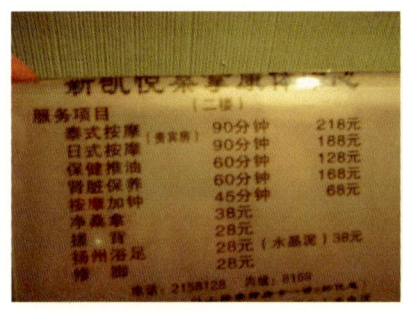

●구이린 호텔 발마사지 가격표

●저녁식사

구이린, '桂林山水甲天下, 阳朔山水甲桂林。(구이린의 산수는 천하의 으뜸이요, 양삭의 산수는 구이린의 으뜸이라네.)'이라 하였으니 드디어 볼 만한 풍광을 내일 만나게 되는 것 아닌가? 이번 여행에서 하이라이트가 되는 곳이 구이린인 셈이다.

방 안에서 충분히 쉰 후 좀 일찍 저녁을 먹으러 호텔 식당으로 갔다. 어수선한 밖에서 음식점을 찾기보다 호텔 안에서 간단히 먹는 게 나을 것 같아서였다. 식당은 사람들로 붐볐다. 내가 자리에 앉자 메뉴판을 내왔는데 밥 한 공기(1위안)와 桂林黄焖鸡라는 닭고기 요리(38元) 하나만 시켰다. 요리 이름이 생소했지만 분명 닭고기 요리일 것 같았다. 그런데 나온 요리가 고기만 있고 야채가 없어 야채는 없느냐고 물었더니 '反正可以下饭的。(어쨌든 밥하고 먹을 수는 있어요.)'라고 했다. 살코기가 별로 없고 뼈가 많은 자잘한 고기토막이어서 먹기가 불편했고 닭고기 맛도 잘 느껴지지 않았다. 그래서 이거 혹시 내가 다른 걸 먹은 거 아닌가? 혹시 개구리요리라도 되면 어쩌나 싶은 두려운 생각이 들어 계산하면서 이 요리가 닭고기 요리 맞느냐고 물으니 '对呀(맞아요)'라고 대답한다. 좀 만족스럽지 않았지만 그런가 보다 하고 올라가 양치질을 하고 발마사지를 하러 갔다.

여기 발마사지 가격표는 내가 가본 곳 중 가장 쌌다. '扬州浴足(양조우 발맛사지)'이라는 것이 60분에 28위안인데 10위안 더 추가하면 水晶泥(수정 맛사지)라고 특별한 것이라고 해서 그렇게 하기로 하

● 구이린역

● 욕실의 절수표어

고 마사지룸의 의자에 누웠다. 마사지룸은 문을 열어 놓았고 룸 안에는 손님이 나 혼자였는데 늘 그렇듯이 TV를 볼 수 있게 틀어 놓았다. 마사지사가 발을 담그는 물통에 뭔가 하얀 가루를 풀어놓고는 내 발을 거기 담그라고 했다. 조금 뒤 발을 수건으로 닦고 마사지를 하면서 그 여자는 말은 많지 않았지만 이런저런 이야기를 했다. 구이린에 온 지 10년이 넘었다, 산수가 좋고 살기 좋아서 이곳에 있는 것에 만족한다고 했다. 나는 또 여행이야기를 하고 중국어 가르친다는 이야기를 하고 내일 관광을 갈 거라고 했다. 그 여자는 발마사지뿐 아니라 등도 두드려주고 안마를 해주어서 피로가 많이 풀린 느낌이었다. 그래서 마사지가 끝나고 그 여자에게 10위안을 꺼내 주었더니(왜냐하면 몇 년 전 중경여행 갈 때는 단체 여행이었는데 가이드가 마사지 팁으로 10위안씩 주라고 했었기에) 매우 고마워하면서 '谢谢! 谢谢!(고맙습니다!)' 하면서 계산대까지 나와 인사를 했다.

호텔 앞에 잠깐 나가 저녁 무렵의 구이린역 사진을 한 장 찍었다. 그리고 호텔 로비에 슈퍼가 있던 것 같아 그리로 가서 구이린시내 지

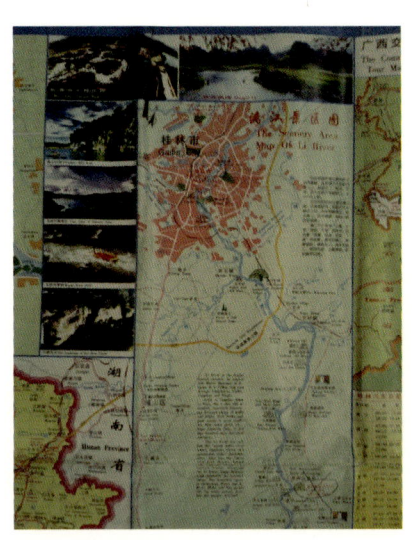

● 구이린시 지도

도 한 장을 6위안에 사고 내일 아침에 먹을 생각으로 과자(10위안)와 冰红茶(냉홍차/3위안)를 샀다. 그리고 침대에 앉아 지도를 좀 살펴보고 일찍 씻고 잤다.

이튿날 아침 일찍 깨어 과자와 차를 마시고 씻은 후 로비로 내려갔다. 退房(체크아웃) 수속을 하고 큰 가방은 보관해 달라고 부탁하였다. 관광 후 호텔로 데려다주기로 했기 때문에 이따

가 도로 와서 큰 가방을 찾을 생각이었다. 로비의 소파에는 이미 다른 손님들이 앉아 있었는데 그들도 가이드가 데리러 오기를 기다리는 사람들 같았다. 가슴에 무슨 여행사라는 표지를 달고 있었기 때문이다. 추위를 타는 나보다 중국 베이징 같은 북방에서 온 듯한 그 사람들은 날씨가 덥다는 듯이 가벼운 긴팔 티셔츠차림이었고 여행 기분에 들뜬 경쾌하고 발랄할 분위기가 느껴졌다. 얼핏 보이는 식당도 손님으로 북적대어 아침에 과자를 먹기를 잘 했다는 생각이 들었다. 몇 번이나 가이드 같은 사람들이 나타나 방 번호를 부르곤 했지만 내 방 번호가 아니어서 약속시간보다 한참 더 기다렸는데 드디어 한 젊은 여자가 나타나 나를 찾았다. 그 여자는 또 사람이 더 있다고 하며 기다렸는데 호텔 투숙객이 아닌 외부에서 온 젊은 부부와 아이를 기다렸다가 함께 버스가 있는 곳으로 우리를 안내했다. 예상했던 큰 관광버스가 아니라 조그만 버스였다. 그것도 호텔에서 많이 떨어진 곳으로 걸어가야 했기에 젊은 아기 엄마는 큰 소리로 뭐라 뭐라 항의하는 듯했다. 미니버스 안의 승객은 대개 가족이나 연인 같은 사람들이어서인지 가이드

● 감산사

● 북 치는 곳

● 바위의 글씨

는 나를 운전석 옆의 1인용 좌석에 앉혔다. 좌석은 비좁은 편이나 앞 창유리로 전망을 바라다볼 수 있어 좋았다. 차가 출발하자 가이드가 마이크를 잡고 이야기하기 시작했다. 일단 차로 1시간가량 걸리는 陽朔(양삭)으로 가는 것 같았다. 거기에서 관광하고 漓江(이강)을 유람한다는 것이었다. 가장 경치가 좋다는 陽朔을 확실히 가게 되었으니 혼자 헤매며 여행하는 것보다 나은 듯했다.

가이드는 타지방에서 온 여행객들을 위해 광시성에 대한 안내도 하였다. 광시성의 인구는 4,500만쯤 되고 그중 壯族(쫭족)이 1,500만 명쯤 된다. 중국의 소수민족 중에 어느 종족이 가장 예쁜가? 苗族(미아오족)이라고 할 수 있다. 구이린은 여행사업과 공예품 생산을 주로 하는 도시이다. 그리고 소수민족에 관한 재미있는 이야기를 해주었는데 광시성의 소수민족은 남자가 노래로 구애를 한다. 집은 맨 아래층은 사람이 살지 않고 위층에 부모, 그 위층에 阿妹(아가씨)가 사는데 阿妹가 있는 방엔 사다리가 놓여 있다. 阿哥(총각)는 그 밑에서 사랑의 세레나데를 불러 阿妹의 마음에 들면 阿妹가 만든 绣球(수놓은 공)를 던져 준다. 그럼 阿哥는 사다리를 타고 올라가 둘이 결혼하게 된다는 것이다. 그리고 소수민족의 노래인 山歌(민가)와 관련하여 刘三姐(류씨 셋째딸)라는 TV드라마가 인기가 있었다고 했다. 장족은 노래로 사회를 비판하는 풍습이 있었던 듯하다.

드디어 버스가 정차한 후 가이드는 우리가 부두 근처에서 들러야

● 대용수관광지

● 소수민족 가옥

할 곳이 있다며 어떤 장소로 안내했는데 무슨 군대 강철제조공장 같은 곳이었다. 처음엔 박물관처럼 포탄이며 군복 등이 전시된 곳을 둘러보게 한 후 한 실내로 데리고 가서 군인 두세 명이 식칼을 들고 선전했다. 도마를 놓고 자기네 강철로 만든 칼이 얼마나 잘 드는가를 선전하고 칼 세트를 보여주고 감자채 써는 칼도 선전하였는데 좀 으스스한 느낌이 들었다. 그렇지만 지난 번 후이저우의 여관에서 요리해 주었던 젊은 남자가 생각나고 또 감자채가 중국에 흔한 요리여서 혹시 나도 감자채를 해 먹을지도 모른다는 생각이 들어 감자채 써는 걸 사야겠다고 생각했다. 보통 여행에서 가이드가 차 제조공장에 견학가자 하면서 차 제조법을 구경하게 하고 차를 사게 하는 것이나 같았는데, 처음으로 군대 분위기가 물씬 나는 곳에서 군인들이 식칼을 들고 무얼 썰고 하는 걸 보니 좀 으스스했지만 이게 특별한 게 아니라 상업주의가 군대에까지 영향을 미쳐서인 듯했다. 시범을 보인 실내에서 나와 물건은 상점으로 연결된 곳에서 사는 식으로 보통 패키지여행의 상품판매코스와 같았다. 감자채칼을 10위안에 사고 또 염주 하나와 난닝에서 살까말까 했던 烟嘴(곰방대)를 샀다. 그걸 살 때 판매원이 물었다.

你是哪国人?　　　　　당신은 어느 나라 사람인가요?
我是韩国人。　　　　　저는 한국인입니다.

● 대용수

● 대용수 앞 사진

● 용 조각 기둥

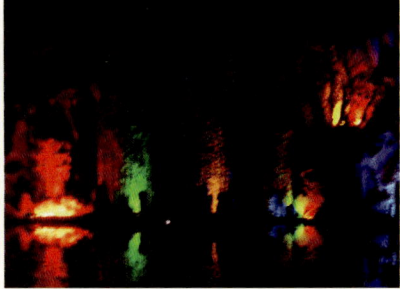
● 동굴 내부

● 동굴 내부-聚龍譚(취룡담)

● 동굴내부-貴妃仙浴(귀비선욕)

● 수정궁

● 돌조각 상품

　중국인과 외국인이 함께하는 여행은 흔치 않으니까 내가 어느 나라 사람인지 궁금했을 테고 또는 어느 나라 사람이 어떤 물건을 사나 궁금해서였을 수도 있다.

　대기하고 있는 버스에 올라 타 이번에는 鑑山寺(감산사)라는 절로 안내했다. 중국인과의 여행에선 절이 꼭 빠지지 않고 등장하는 코스이다. 절에서는 또 향을 산다든 가 부적을 산다든가 하는 게 있 다는 걸 잘 알기 때문에 무리를 따라가지 않고 그냥 혼자 대강 절을 둘러보았는데 특별한 느낌 이 없었다. 한 서양 아저씨가 카 메라를 들고 가이드 한 명과 절 을 구경하고 있었다. 절 앞쪽에

●동굴 출구

내 키만 한 바위가 있고 커다랗게 붉은 글씨로 悟자가 쓰여 있었는 데, 그것을 보니 나라를 떠나 멀리멀리 돌아다니며 잠도 어설프고 풍 경도 꿈 같은 느낌이 드는 내게 인생이 한바탕 꿈인 것을 깨달으라고 큰 소리로 말해주는 듯한 느낌이 들었다. 절 밖 공터에는 유자를 파 는 상인이 있었다. 아까 오는 길에 가이드가 구이린에서 유자를 사는 게 좋다고 한 말을 얼핏 들었기에 하나 샀는데 큰 것은 너무 커 중간 크기로 샀다. 유자는 귤과 비슷한 것으로 내가 생각한 것보다 훨씬 커 큰 것은 수박만 했다. 내가 어떻게 껍질을 벗기냐? 맨손으로는 어 렵지 않겠냐? 했더니 파는 아저씨가 세로로 크게 몇 줄 칼집을 내주 었다. 차 옆에 서 있는 가이드에게 유자를 권했다.

要不要吃柚子?
유자 드시겠어요?
不用，不用。我们经常吃。
아니요, 우리는 늘 먹어요.
这么大的柚子我一个人怎么吃得了?
이렇게 큰 유자를 나 혼자 어떻게 다 먹지?
这么大不算什么，我一个人能吃掉比这个更大的。
이 정도 크기는 별 거 아니에요. 전 혼자서도 이것보다 더 큰 걸 먹어치 워요.

다음 코스는 大榕树景区라는 곳이었다. 가이드가 우리를 한 명씩 입장시키고 우리는 그 안으로 들어갔는데 좀 널찍한 평지로 된 정원이 나오고 둥근 원통형의 소수민족 가옥 하나가 보여 더 가니 오래된 나무 한 그루가 있었는데 그게 천 년된 大榕树(대용수: 큰 벵골보리수나무)였다. 소수민족 복장을 한 여자들이 왔다 갔다 하고 시냇물도 한켠에서 흐르고 있는 약간 너른 정원 같은 곳이었는데 올 때에 무지탁한 공기를 느끼며 온 것에 비해서는 좀 숨 쉴 만하고 편안한 느낌을 주는 분위기였지만 공기가 그래도 청량하지는 않았다. 오전 시간 선선한 날씨에 탁 트인 정원을 거니는 한가로운 정취는 있지만 공기가 뿌연 듯한 느낌이 계속 들었다. 천 년 되었다는 大榕树는 둥근 철책으로 보호해 놓았는데 그 나무를 배경으로 소수민족 복장을 입고 사진 찍는 사람들이 보여 잘 살펴보니 복장을 대여해 사진을 찍는 것이었다. 키가 큰 날씬한 여자들은 분홍색 복장이 예쁘게 어울렸는데 나한테는 안 어울릴 것 같았다. 대여해주는 사람에게 나도 찍으려고 한다, 묘족 복장으로 골라 달라 하였더니 무슨 남대문 시장옷가게처럼 옷이 빼곡하게 걸려 있는 곳으로 데려가서 푸른색 옷을 골라주고 내 카메라로 시냇가에서도 몇 장 찍고 大榕树를 배경으로도 몇 장 찍었다. 재미있는 것에 비해 가격은 10위안으로 저렴했다.

거기서 좀 거닐며 쉰 후에 다시 차로 집합해서 이번에는 동굴 구경을 간다고 하였다. 구이린엔 산수가 뛰어나지만 동굴이 많다고 예부터 들었다. 용이 큰 여의주를 물고 기둥을 휘감고 있는 푯말이 솟아 있는 곳에서 사람들이 기념사진을 찍었다. 그곳으로부터 잠시 동굴까지 배를 타고 간다는데 동굴 안에서 추울까봐 벗었던 털 스웨터를 다시 껴입었다. 동굴 안에는 컬러풀하게 여러 색으로 갖가지 모양의 등불을 켜놓아서 빛이 났고 드문드문 사진 찍는 장소가 있었다. 동굴을 배경으로 의자를 설치해 놓은 곳에 앉아 사진을 찍으면 컴퓨터로 출력하고 코팅해서 나중에 동굴 밖으로 나오면 받는 식이다. 그 동굴

● 수공예품　　　　　　　　　　　　　　　　　　　　　　　● 绣球(수놓은 공)

은 聚龙潭(취룽담)이라고 하는 곳인데, 소개에 보니, 동굴 밖은 산봉
우리가 기묘하여 신룡이 구름을 탄 듯하고 동굴 안은 여러 가지 돌들
이 다양한 자태를 하고 있어 용이 노니는 것 같으므로 그렇게 명칭을
붙였다고 하였다. 쌍쌍이 또는 가족과 온 사람들은 여기저기서 사진
을 찍었다. 한 모녀가 내게 말을 걸었다.

要不要给你照相?
사진 찍어드릴까요?
谢谢。
고맙습니다.

　딸은 자기네는 马来西亚(말레이시아)의 중국인 화교라고 하였다.
그 딸이 가끔씩 또 사진을 찍어주기는 했지만 잘 나오지 않아서 사진
사가 찍어주는 사진을 주로 찍었다. 贵妃仙浴이라고 이름붙인 곳도 있
고 水晶宫이라 이름 붙인 곳도 있었다. 동굴 밖으로 나오는 길에는 동굴
의 기묘한 돌들로 만든 듯한 돌조각 상품들이 진열되어 있었는데 고가의
상품이었다. 동굴 밖은 구이린의 산봉우리들이 둘러싸고 있었다.
　동굴 구경이 끝난 후, 점심식사를 한다고 하였다. 한 음식점으로

안내한 후 테이블에 다들 모여 앉았는데 아침에 호텔에서 함께 차를 탄 사람만 아이를 데리고 온 부부이고 다른 사람들은 중년부부, 젊은 부부나 애인 그리고 그 말레이시아 모녀였다. 내 옆에 앉은 아이 엄마는 아이에게 열심히 밥을 먹였다. 그러한 풍경은 대만 같은데서 조그만 아이에게도 밥을 떠먹여주지 않고 스스로 먹게 하고 엄하게 야단치는 것과 달리 정감이 있는 풍경이다. 나만 홀로 온 외국인이어서 사람들이 쳐다보는 느낌이 들었다. 중국 식탁은 원형이 많고 유리판 위에 담긴 음식을 판을 돌려 자기 앞쪽으로 끌어다 개인 접시에 덜어 먹는 식이다. 그러나 개인 접시에 덜 때 공용 젓가락을 사용해야 하는데 그게 잘 안 지켜지고 그냥 자기 젓가락으로 반찬을 덜어 먹기가 쉽다. 그래도 젓가락질을 멈출 수가 없어 그냥 어울려 먹었다. 요리는 특별한 요리는 없고 보통의 중국요리 식탁차림이었다. 밥을 함께 먹으니 조금 친숙해진 느낌이다. 옆자리의 꼬마에게 말을 걸어 보았다.

你几岁?
너 몇 살이니?
五岁。
다섯살이요 (아이 엄마가 대신 대답했다).

●月亮山

아이는 예쁘게 생긴 여자아이였다. 식당을 나오니 바로 앞에 유명한 月亮山(달산)이 마주 보였다. 산봉우리 중앙에 신기하게도 보름달 같은 둥그런 구멍이 뚫려 있는 산이다. 거기에서도 사람들이 기념사진을 찍었다.

그 다음 코스는 뗏목을 타고

● 뗏목 타기

● 소수민족 복장

● 삿대 잡은 필자

● 새에 물고기 먹이 던져주기

● 물고기 잡는 새

● 물고기 보관

어촌을 가는 것이었다. 우리 뗏목엔 한 소박하게 생긴 부부, 말레이시아 모녀 그리고 나 이렇게 다섯 손님과 뗏목을 젓는 아저씨와 소수민족 복장을 한 아가씨가 탔다. 뗏목 위에는 테이블과 의자가 놓여 있고 우리는 거기 앉아서 차를 마시며 갈 수 있었다. 뗏목 젓는 아저씨는 저을 때마다 티셔츠 아래로 허릿살이 보였다. 소수민족 복장을

● 유람선

● 물고기 모양의 산

● 이강 풍경

● 이강 산수

한 아가씨는 가는 곳과 소수민족 풍습을 설명하며 刘三姐 이야기를 하고 山歌를 불러주었다. 뗏목이 강안에 도착하자 키가 몹시 작은 꼬부랑 할머니들이 손에 绣球 같은 기념품 등을 가득 들고 달라붙어 妈妈(엄마)라고 부르며 팔아달라고 졸랐다. 그래서 绣球와 수공예품을 한 움큼에 싼 값으로 샀는데 그래도 다른 할머니가 달라붙으며 팔아달라고 아우성이었다. 한편 컴퓨터 앞에 앉아 있던 아저씨는 우리가 뗏목 타고 오는 모습을 어느새 사진으로 찍어 인화해 놓고 또 사라고 했다. 몰래 사진 찍어 놓은 셈이었지만, 내가 무슨 영화배우도 아니고 찍어준 것이 오히려 고마워서 샀다. 그리고 별로 하는 것도 없이 다시 뗏목 타고 돌아가는 것인데 뗏목 안으로까지 할머니들이 들어와 달라붙어 사라고 하도 조르는 바람에 绣球를 또 더 샀다.

뗏목이 출발하고 그들은 멀어져 갔다. 도중에 뗏목에 서서 사진을

찍는데 갑자기 뗏목 젓는 아저씨가 내 손목을 휙 잡아 손에 뗏목을
쥐어주며 저어보라고 했다. 삿대는 생각보다 훨씬 무거웠고 내 힘으
로는 조금치도 움직일 수가 없었다. 덕분에 뗏목을 젓는 듯한 포즈의
사진을 찍을 수가 있었다. 그 뗏목은 또 우리를 한곳으로 데리고 갔
다. 한 할아버지가 조각배에 앉아서 풀잎모양의 배에서 뚜껑을 열어
물고기를 꺼내 휙 던지면 물새가 날아가 그 물고기를 입에 물어 잡아
채 오는 공연을 하는 곳으로 데려가 잠시 구경시켜 주었다. 물새는
물고기를 던질 때마다 부지런히 날아가 물고기를 입에 물어 할아버지
에게 가져다주었다. 그 구경이 끝나고 뭍으로 올라갔다.

  가이드는 이제 유람선을 타고 이강(漓江)의 산수경치를 구경할 거
라고 했다. 유람선 타는 곳으로 이동하여 유람선에 올라타니 사람이
많지 않아 좌석은 널찍하게 자리 잡을 수 있었다. 나는 말레이시아
모녀와 같이 앉았고 우리는 이야기를 나누었다. 딸은 호주에서 유학
하고 호주의 회사에 다닌다고 했다. 이번에 휴가 나와서 중국 하얼빈
에 갔다가 여기에 온 길이라고 했다. 그녀의 옷차림은 두꺼운 외투와
반팔원피스로 극과 극을 이루고 있었다. 나에게 어째서 혼자 왔냐고
묻기에 나는 아직 결혼을 안 했다고 하니 무슨 말인지 이해가 안 간
다는 표정을 지었다. 그래도 대화는 계속 이어졌고 딸은 자기 엄마와
나와의 사진도 찍어주었다. 나에게 구이린 어디에 머무느냐고 묻기
에 여행사에서 알선한 호텔에 있는데 값이 싼 듯하다고 했다.

中国的饭店的确很便宜。这个价钱在马来西亚根本住不到。
중국은 호텔이 아주 싸요. 이 가격으로는 말레이시아에선 절대 숙박할
수 없지요.
韩国也是一样。中国的饭店实在是便宜。
한국도 같아요. 중국 호텔은 정말로 쌉니다.

  그들은 저녁에 민속공연을 볼 참이라고 하면서 나보고도 같이 가

자고 하였으나 나는 오늘 저녁 선전행 열차를 타고 내일 홍콩으로 가 귀국해야 하기 때문에 시간이 안 된다고 사양했다. 유람선 안에서는 경치가 좋은 곳이 오면 천천히 운행하고 거기에서 사진 찍기를 원하는 손님들의 사진을 찍어 컴퓨터로 그 자리에서 인화해 주었다. 그래서 여러 장의 사진을 찍었다. 그리고 민속공연을 못 보는 대신 치르 姐관련 비디오테이프와 CD 등을 샀다. 이강 유람은 생각보다 굉장하진 않았다. 멋진 풍경이 그렇게 많다고 느껴지지도 않았다. 배 타고 강을 지나며 주변 산의 풍경을 감상하고 사진 찍고 하는 것이 주된 놀이였다.

유람으로 오늘 일정이 다 끝나 우리는 올 때 타고 왔던 작은 버스로 구이린시내로 돌아왔다. 돌아오는 버스 안에서 가이드가 좀 이야기를 하고 관광객들에게 선물이라며 작은 칼을 하나씩 주었는데 면도칼 크기의 칼에 검은 플라스틱 손잡이가 달린 것이고 칼날부분은 두꺼운 종이케이스로 싸여진 것이었다. 왜 이런 선물을 주는지 몰랐지만 나중에 유자를 먹을 때 껍질을 자르는 데 쓰면 되겠다 싶었다.

돌아오는 길의 공기는 더욱 나빴다. 지나쳐 가는 자동차 차량들은 배기통으로 시커면 배기가스를 뿜어대어 시골길을 지나오는데도 공기가 너무 나빴다. 구이린의 웅장한 산수 속에서 맑은 공기를 마시며 휴양을 즐길 수 있으리라고 기대했던 꿈이 너무 큰 꿈이었음을 깨달았다. 이렇게 배기가스를 뿜어대는 중국의 도시화는 자동차의 운행

● 말레이시아 관광객과

● 선착장

을 금지하지 않는 한 멈추지 않을 것이고 예부터 뛰어난 산수로 유명한 구이린도 결국은 공기가 탁한 별 볼일 없는 관광지가 되어버린 것이다. 차가 구이린에 도착하자 나는 잠시 어디로 가야 할지 어리벙벙했는데 아침에 만났던 아기 엄마가 오른편의 호텔 쪽을 가리키며 '大姐, 往这边走。(언니, 이쪽으로 가세요.)'라고 말해 주어서 쉽게 호텔을 찾았다.

CHAPTER 5

선전을 거쳐
홍콩으로

침대차를
타고

　호텔에 캐리어 가방을 맡겨 놓았기에 그걸 찾을 겸 호텔에서 시간을 더 보내려고 생각했다. 기차 시간이 저녁9시 30분이어서 아직 시간이 많이 남았지만, 역 주변은 어수선해 보여 호텔 안의 로비 옆 식당에서 저녁을 먹었다.

> 这里有没有面条?　　　　여기 국수 있나요?
> 有啊。你要大的小的?　　있어요, 큰 걸 원하나요? 작은 걸 원하나요?
> 我一个人吃不用大的。　혼자서 먹으니 큰 게 필요 없어요.
> 这里只有大的。　　　　여기엔 큰 것밖에 없어요.
> 那就要大的吧。　　　　그럼 큰 걸로 주세요.

　이래서 큰 그릇의 국수(25위안)를 먹게 되었는데 정말 세숫대야처럼 큰 그릇에 국수를 가득 담아왔지만 내용물은 영양가 있는 게 거의 없어 부실한 느낌이었다. 그것의 대부분을 남기다시피하고 계산을 하고 로비로 나왔다. 편의점에서 물수건을 사려고 하였는데 단어를 몰라 대강 설명하니 그런 것 있다고 하고 내주면서 '这是湿纸巾。(이

것은 물휴지입니다.)'이라고 하였다. 기차 안에서 13시간 정도를 가야 하니 아까 산 유자 같은 걸 먹을 때 손을 씻을 물수건이 필요할 것 같았다.

시간이 많이 남아 인터넷을 하면서 시간을 때우려고 总台에로 가서 '这里有没有能上因特网的地方?(여기 인터넷 할 수 있는 곳 없나요?)' 하니 '有啊。(있어요.)' 하면서 总台 바로 옆의 商务室(비즈니스실)문을 열어주었다. 그러나 그다지 잘 설비된 공간이 아니고 조그만 쪽방에 컴퓨터 한 대를 놓아둔 곳이었다. 종업원은 그 컴퓨터를 쓰게 하고는 내가 외국인이어서인지 안전하게 문을 열어두었다. 가끔 그곳을 들락날락하는 종업원이 있었다. 30~40분쯤 시간을 보낸 후, 나와서 '多少钱?(얼마인가요?)'하니 '5块。30分钟是免费的。(5위안입니다. 30분은 공짜입니다.)'라고 하였다. 좀 엉성한 공간이다 싶었는데 30분은 공짜라니 좋았다. 기차에서 화장실 가기가 불편할까 봐 큰 가방을 끌고 로비 안쪽의 화장실로 가 볼일을 보고 세수도 좀 해두었다. 그러고 다시 나와 호텔을 떠나 길 건너 맞은편 기차역으로 갔다.

여느 역에서와 마찬가지로 짐 검색대에서 짐을 통과시킨 후 대합실(候车室)로 갔다. 그 기차 대합실은 5元을 받는 곳이었다. 그래서인지 좀 깔끔했다. 차도 마실 수 있었다. 거기에서 차를 마시며 카메라의 사진을 정리하며 시간을 보냈다. 기차를 기다리는 사람들은 적은 편이었다. 좀 멀리 떨어진 곳에 홍콩의 밤거리에서 마주쳤던 노란색 가사를 입은 승려와 같이 노란색 가사를 입은 한 무리의 승려들이 보였다. 이번 홍콩으로 돌아가는 기차는 처음 타보는 침대차(卧铺)라서 약간 걱정되었다. 여행사에서 老板이 신경 써

●국수

● 대합실

준 듯이 침대차 위 칸이라고 해 주었는데 밀폐된 침대차에 저 스님들과 나만 같이 있게 되는 건 아닌가 불안하기도 하였다. 어쨌든 혼자 침대차를 타는 건 모험이다. 시간이 되어 기차가 오자 다들 출구로 나갔다.

침대차는 침대가 한켠에 놓여 있기에 좌석이 두 열로 배열된 좌석기차가 통로를 가운데 둔 것과 달리 통로가 한쪽에 치우쳐 있다. 통로 밖은 곧 기차 밖이다. 내 침대 칸을 찾아 들어갔더니 마침 같은 침대칸을 찾은 아가씨가 있었다. 그 아가씨도 아래 두 개 위 두 개인 침대의 위 칸인 듯했다.

怎么上去?　　　　　　　　어떻게 올라가지?
我也不知道啊。好象把脚踏在这里爬上去。
저도 모르겠어요. 아마 이걸 밟고 올라가나 봐요.

아가씨가 침대 끝머리 벽면에 발 모양으로 패인 곳을 가리켰다. 그 아가씨는 위 침대의 매트리스를 손으로 누르고 몸을 날려 침대에 올랐다. 나는 우선 큰 가방은 아래 침대의 밑에 넣어 두고 작은 가방은 침대 위로 올리고 발 모형에 발바닥을 대고 오른손으로 벽을 짚고 왼손으로 침대 매트리스를 짚고 가까스로 올라갔다. 이것이 어려워서 다시 침대를 오르락내리락해서는 안 되겠다 싶었다. 침대 길이는 키 큰 사람에게는 짧게 느껴질 정도였다. 내 키로는 발치에 작은 가방을 두고 발을 뻗을 수 있는 길이였다. 아직 잠 잘 시간이 아니라서 일단 유자를 먹어치우려고 유자봉지와 여행사에서 준 작은 칼을 꺼낸 후 옆의 아가씨에게 유자를 권했는데 거절했다.

要不要吃这个?	이거 먹겠어요?
不要。	아니요.
你是哪里人?	어디 사람인가요?
我是桂林人。	구이린사람입니다.
我是韩国人。你是大学生吗?	
나는 한국인이에요. 대학생인가요?	
是啊. 我上桂林大学。	그래요. 구이린대학에 다녀요.
桂林有大学啊?	구이린에 대학이 있어요?
对呀。	그래요.
你到哪儿去?	어디로 가나요?
我去广州。我是去广州见朋友的。	
저는 광저우에 갑니다. 광저우에 친구 만나러 가요.	

　나는 가방을 뒤져 남은 홍삼젤리 두세 개를 겨우 찾아 한국 것이라
고 하며 그 여학생에게 먹으라고 주었다. 그 여학생은 이후로는 날
상대하려 하지 않고 열심히 휴대폰을 만지작거렸다. 광저우의 친구
와 문자를 주고받는 것 같았다. 나는 혼자서 작은 수박만한 유자를
칼집을 내어 껍질을 벗기고 먹기 시작했다. 한 30~40대로 보이는
남자가 들어와 그 여학생의 아래 침대에 자리를 잡았다. 내 침대 아
래에는 사람이 없는 듯했다. 그 남자에게 유자 먹지 않겠느냐고 말
을 건네다 결국 한국인이라는 걸 밝히게 되었다. 그리고 중국어를

●침대차 위 칸

●침대차 위 칸 오르는 발판

잘 한다고 하기에 대학에서 중국어를 가르친다고 해주었다. 그는 대학에서 중국어를 가르친다고 하니 나를 높게 보고 내 침대발치 문간에 서서 중국의 정치 얘기를 꺼냈다. 湖锦涛(후진타오)의 과학발전관에 대해 말하려고 하였다. 나는 대꾸하지 않고 그냥 좀 들었다. 중국에서 느낀 점이 무엇이냐고 묻기에 중국의 경제발전은 대단하지만 환경오염이 심하다. 공기가 나쁘다. 그리고 사람들이 不文明(에티켓 없음/문명에 뒤떨어진다는 느낌)하다고 했더니 나와 토론이라도 하려는 듯이 '你说文明的概念是什么?(문명의 개념을 뭐라고 생각하나요?)'하면서 개념 정립을 하려고 해 적당히 주워 둘러대고 말을 흐렸다. 그 남자도 내가 별로 이야기하기 좋은 상대가 아니라고 느낀 듯했다.

기차는 출발하기 시작했고 그 남자는 옆 여학생의 아래 침대에 누웠는데 그 모습이 대각선으로 환히 내려다보이니 좀 우스웠으나 그 문화에 적응이 되었다. 밤이 되자 열차는 소등을 했다. 소등한 상태에도 옆의 여학생은 계속 문자를 보내대는데 그것이 마치 생쥐 같은 느낌을 주었다. 나는 베개에 등을 기대고 좀 앉아서 가다가 12시 넘어 자리에 다리를 뻗고 누웠다. 역시 가방이 발치에 닿아 키 큰 사람들은 불편할 길이었다. 기차가 덜컹거리는데 잠은 오지 않았다. 옆에 여학생이 있기는 하지만 방금 만진 작은 면도칼 같은 칼의 칼날이 눈에 어른거리기도 하고 불편해서 잠이 안 왔다. 밑의 남자는 코

●차창 밖 풍경

를 골며 잠에 빠졌다. 한밤에 옆의 여학생이 침대에서 내려와 침대칸의 문을 드르륵 열고 밖으로 나가는 것이 보였다. 화장실에 가는 것일 것이다. 남자는 마치 욕이라도 하듯이 몸을 뒤척이며 뭐라고 내뱉었다. 그것이 신

●침대차 복도　　　　　　　　　●침대차 화장실

경을 더 날카롭게 해 긴장이 풀어지지 않은 채 계속 잠 못 들고 누워
있었다. 긴장해서인지 화장실에 가고 싶은 생각은 안 들었다. 컴컴
한 어둠속에 가끔씩 가로등의 불빛 같은 것이 스치는 듯했다. 이렇게
가면 사람들이 어떻게 자기가 내릴 역을 알아서 내리는지 궁금했다.
가끔씩 정차하는 듯했으나 열차역명을 방송해주지 않았기 때문이다.
나는 밤새 잠을 못 잤다고 생각했다. 그리고 내 침대 밑에는 사람이
없었다고 생각했다. 그런데 날이 밝고 광저우역이라고 방송을 해주
자 대각선 아래 침대의 그 남자는 일어나 왔다 갔다 하며 짐을 챙겼고
내 침대 아래에 있는 사람과 대화를 나누는 것이었다. 밤새 어느 역
에서인가 그 사람이 들어와 내 침대 아래에 누워 있었던 것이다. 왜
몰랐을까? 그 남자 둘이 대화를 나누는 걸 소리로 들으면서 불가사의
한 느낌이 들었다. 옆의 여학생도 광저우역에서 내리기 때문에 왔다
갔다 하며 내릴 준비를 다 하고 복도 통로에 서서 창밖을 내다보고 열
차가 멈추기를 기다렸다. 광저우역 다음이 종점인 선전역인데 대부
분 사람들이 광저우역에서 내리는 듯했다. 작은 가방을 크로스로 매
고 창밖을 바라보던 여학생은 열차가 멈추자 뒤도 돌아보지 않고 내
렸다. 그 남자 둘도 짐을 들고 밖으로 나갔는데 내 침대 밑에 있던 남
자는 결국 뒤통수만 본 셈이어서 나는 그 남자의 앞면 얼굴은 혹시 눈
코 입이 없는 평면이 아닐까 하는 우스운 생각이 들었다. 사람들이
썰물처럼 빠져 나갔기에 드디어 침대에서 내려와 좀 움직였다.

침대차를 기념으로 사진도 찍었다. 내가 탄 침대칸 바로 앞 복도에는 한 삼십대로 보이는 아이보리색 점퍼를 입은 키 큰 공장 근로자처럼 보이는 사람이 작은 의자에 앉아 콧노래를 부르고 있었다. 침대차 문을 열어 놓았으므로 지나다니는 사람들이 보였는데 바로 옆 칸에 빨간 티셔츠를 입은 키 큰 서양 청년과 그 여자 친구로 보이는 아가씨가 탔던 듯했다. 그들은 복도를 왔다 갔다 하며 세수를 하는 등 아침을 맞는 듯했다. 나도 선전역에 도착하기 전에 화장실을 가려고 나가보았다. 복도의 양쪽 끝에 화장실이 있는데 양쪽 모두에 사람이 들어 있었다. 내 침대칸 앞에는 여전히 그 남자가 노래를 흥얼거리며 앉아 있거나 또는 서서 창밖을 바라다보았다. 한쪽 화장실이 비어서 드디어 들어가 볼일을 보았다. 문밖에 화장실을 사용 중인 것이 표시되어 있건만 사람들이 몇 번 문을 밀쳐대었다. 어쨌든 침대차를 타고 볼일까지 다 보니 상쾌한 느낌이 들었다. 내 침대칸으로 와 아래침대에 앉아 선전역에 정차하기를 기다렸다. 복도에서 노래 부르는 그 남자는 점퍼 차림의 키가 큰 남자로 얼굴은 별로 호감가는 인상이 아니었다. 그럼에도 불구하고 개성적이고 좀 촌스러운 느낌을 주었다. 그럼에도 불구하고 어젯밤 내가 위층에서 있었고 그 남자가 복도 아래층에서 노래를 불러대니 어제의 구이린관광에서 소수민족 풍습이 위층의 阿妹를 아래의 阿哥가 노래로 유혹한다는 이야기가 생각났다. 구이린이 공기가 맑고 이상향같이 느껴진다면 그런 남자가 유혹해도 어쩌면 머물러 살지도 모르겠지만 구이린에 별로 감명 받지 못했기에 아무 감흥이 일지 않았다. 어쨌든 이 사람의 노래를 어제 가이드의 말에 연결시킨다는 건 내가 공부하는 것에 길이 들어서인가? 아니면 떠나올 때 후배 강사들이 '좋은 사람 만나면 돌아오지 말고 거기에서 사세요'라고 했던 말이 내 마음을 흔들어서일까?

기차가 드디어 선전역을 알려 가방을 다 챙겨들고 밖으로 나왔다.

홍콩으로
되돌아가다

선전역에 도착하자 비행기에 늦을까 봐 홍콩으로 가는 것이 시급했다. 선전역 안 지하통로에 홍콩 방향 팻말이 있어 그리로 계속 바삐 걸어갔다. 이전에 난닝 갈 때 기차에서 만난 젊은이가 선전에 도착하면 홍콩으로 가는 지하철이 있다고 하였기에 바삐 걸어 홍콩행 지하철을 탔다. 그 지하철은 옥토퍼스 카드가 되는 지하철이지만 좀 낡은 편이었다. 한 정거장 뒤 上水역에서 내려 급히 통로를 빠져 나와 홍콩입국심사를 했다. 밤새 잠을 못 자고 아침을 안 먹은 상태에 시간에 늦을까 마음이 조급하여 출입국카드에 글씨를 쓰는 것이 떨렸다. 출입국심사를 마치고 밖으로 나오면서 안내데스크에 홍콩비행장 가는 리무진 같은 것이 있나 알아보았는데 버스로는 1시간이 걸린다고 해서 택시로는 얼마 걸리나 했더니 40분쯤 걸린다고 했다. 그래서 조금이라도 시간을 일찍 맞추려고 택시를 타러 밖으로 나갔다. 밖은 어수선한 길이었고 택시정거장은 아니었지만 마침 다가오는 택시한 대가 보여 황급히 세우고 机场(비행장)을 외쳤다. 그 택시기사는 광둥어만 썼다. 대략 알아듣기 어려운 발음으로 보통화는 말할 줄 모른다, 약간 알아들을 수 있을 뿐이라고 했다. 홍콩 비행장으로 처음

● 셀프 티켓팅 기계

가는 길이어서 길도 모르고 대략 얼마 시간이 걸릴 지 분명치도 않아 불안했다. 택시는 이리저리 한적한 외곽도로를 타고 가는데 길에 비행장 팻말이 보였지만 비행장이 곧 나타나지는 않았다. 그 기사가 혹시 길을 돌아서 가는 건 아닌가 의심스럽기도 하였다. 지갑 속에 홍콩달러가 160달러밖에 없는데 택시미터기는 200달러를 넘고 있었다. 그래서 '我港币不够。港币加人民币, O.K?(전 홍콩달러가 부족해요, 인민폐도 되나요?)' 하니 좋다고 고개를 끄덕였다. 택시는 12시 30분경 비행장에 도착했다. 미터기는 310달러를 넘어가고 있었다. 홍콩달러 160달러와 인민폐 160위안을 주니 홍콩달러 10달러를 거슬러준다. 계산이 불분명할 수도 있지만 이런 장면에선 그냥 넘어가는 게 상책이다. 그래서 비행장에 오가는 택시는 항상 비싼 것이다. 택시기사는 트렁크에서 가방을 내려주고 떠났다. 비행장은 큰 편은 아니었다. 황급히 뛰다시피 탑승수속을 하는 곳으로 달려가 내 비행기 표를 티켓팅하려는데 비행기 표가 e-ticket이어서 무인기계에서 스스로 수속하는 것이었다. 조금 다급해서 조바심을 치는데 마침 그 근처에 있던 승무원이 다가와 친절하게 기계로 수속하는 방법을 알려주었다.

셀프 티켓킹을 하는 승객들의 짐을 따로 부치는 듯했다. 거기에서 짐을 부칠 때 승무원에게 '現在去來得及吗?(지금 가도 늦지 않나요?)'하고 물으니 '來得及。(안 늦어요.)'라고 한다. 아직은 시간 여유가 있는 듯했다. 그런데 생각지도 않게 짐 검색대에서 또 걸렸다. 여행사에서 준 작은 칼이 문제였다. 가방을 열라고 하고 이리저리 뒤져보더니 군대강철에서 산 채칼과 그 면도칼 같은 작은 칼을 두고 무슨 용도냐고 했다. 면도칼 같은 칼은 여행사에서 준 거라고 했더니 여승무원은 그걸 눈앞에 들고 눈살을 찌푸리며 소름 돋는 표정을 지었다. 칼은 가져가면 안 된다. 비닐에 싸인 채칼은 들고 '필요하냐'고 묻기에 내가 쓸 수도 있다고 하니 그건 가져가게 했다. 짐 검색에서 걸려서 도로 나가게 되었다. 키가 큰 한 남자 승무원이 나를 안내해서 비상통로로 나가게 하면서 몇 마디 말을 걸었다.

你是来旅游的?   여행 오신 건가요?

是啊。   네.

你汉语说得很好。   중국어를 잘 하시네요.

我学了很长时间。我是读过博士的。
아주 오래 배웠어요. 전 박사를 했어요.

你好厉害。   대단합니다.

그 남자가 안내해준 곳으로 가서 작은 칼을 비닐에 담아 스티로폼 박스에 포장해서 짐 부친 곳에서 다시 부치고 검색대를 다시 통과해 들어가니 애초에 여유가 좀 되게 왔던 것이 도루묵이 되어버렸다. 그래서 게이트를 부랴부랴 찾아가야 했다.

급히 비행기에 올라 자리를 찾으니 중간 자리였는데 왼쪽 옆 좌석에는 어린아이 그리고 그 아이 옆에는 젊은 여자가 앉아 있었다. 그

●홍콩 공항 안 풍경

●공항 내부

여자는 아이와 놀아주고 있었는데 한국인으로 홍콩에 있는 남편을 만나고 돌아가는 길처럼 보였다. 나는 오전 내 계속 아무 것도 먹지 않고 비행기를 놓칠까 걱정하며 뛰어다녔기에 기력이 다 소진된 상태였다. 그런 참에 옆에 평화로운 듯이 아이와 놀고 있는 여자를 보니 내면의 깊은 스트레스가 몰려 와 더욱 긴장되었다. 이런 장면은 혼자인 내가 잘못된 존재가 아닌가 근본적으로 회의하게 한다. 내 인생은 이렇구나. 혼자서 내 밥벌이를 하며 아무도 나를 돌보아주는 사람이 없이 혼자 뛰어다니는데 결혼한 여자는 모든 걸 다 누린다. 이렇게 피해의식에 사로잡혔다. 내가 선택해서 혼자 살고 있는 셈이면서, 잘지내고 있을 때는 그런대로 행복한데 가끔씩 극단적인 피해의식을 느끼는 것이다. 비행기를 놓칠까 노심초사한 건 중국에 더 이상 있고 싶지 않은 마음에서였다. 복층 오피스텔의 천정이 낮은 좁은 방이 내가 돌아가 다리를 뻗고 누울 수 있는 그지없이 편안한 보금자리같이 느껴졌다. 그 방은 어찌 보면 판자촌 할머니의 방을 연상시키는 비좁은 공간이지만 마치 귀소본능이 있는 새처럼 그곳이 내 둥지로 여겨졌다. 그리고 오피스텔은 주거용으로 불만족스럽지만 방학 내 건물 아래층의 카페에서 커피 마시고 점심으로 방금 구운 따뜻한 프레즐을 먹으며 일하던 기분 좋은 추억이 나를 꼭 귀국하도록 만드는 주된 요인이었다. 여행이 어쩌면 너무 힘들었는지도 모른다. 남방이라 따뜻할 줄 알았는데 추워 제대로 잠 못 이룬 날들과 불편한 잠자리, 밤샘 등이 고달파 하루속히 편한 보금자리로 돌아가고 싶은지도 모르겠다. 그런 참에 옆 자리의 모녀를 보니 더구나 결혼했더라면 누릴 수 있는 것에 초점이 맞추어져 심리적 불균형감에 사로잡힌 것이다. 어쩌면 옆자리의 여자도 나를 시샘할지 모른다. 홀홀단신 한가롭고 자유롭게 여행 다니는 것처럼 보이는 내가 부러울지도 모른다. 여자들과의 이야기를 통해서 결혼 후 가장 불편한 점은 혼자 여행을 할 수 없다는 점이라는 걸 알고 있기 때문이다. 머릿속으로 떠오르는 그런 생각들을 잊어버리고 귀국용 선물을 사기 위해 앞좌석 포켓 뒤에 있는 포장된 선물안내책자를 뜯어서 보았다. 아까 승무원이 그 안내책자를 들고 필요한 사람 보라는 듯이 뒷걸음치며 사라졌는데 너무 빨리 지나쳐 그 안내책자를 달라고 하지 못했다. 좌석에 놓아둔 것이니까 뜯어보아도 무방할 것 같았다. 몇 가지 상품을 고른 후 면세품 상품 카트를 끌고 지나가는 승무원을 기다려 불러 세웠다. 이번에는 홍콩에서 쇼핑을 하나도 안 했고 선물 살 틈이 없었기에 비행기에서 선물을 사게 되었다. 젊은 남자 승무원은 '人民币, O.K?(인민폐 되나요?)' 하는 말에 'O.K.'라고 하며 그 물건 값을 계산기로 계산하고 인민폐로 얼마라고 종이에 숫자를 써서 내게 보여주었다. 그 숫자는 내게 특이한 의미가 담긴 인문학적 숫자로 느껴졌다. 현실 속에서 비현실을 인지하게 하는 숫자이다. 내가 지갑에서 인민폐를 꺼내 세어주었는데 큰돈보다는 동전이 더 나은 계산이라 그 남자는 내 지갑을 자기 손으로 뒤적여 홍콩달러 동전과 인민폐 동전이 뒤섞인 속에서 용케 동전들을 골라내어 'one, two, three' 하면서 내게 보여주고 깔끔하게 계산하고 물건은 이따 가져다주겠다고 했다. 그리고 영수증을 주며 거기 써 있는 무슨 사이트에 가입하라고 했다.

긴장이 안 풀린 가운데 기내식을 먹었다. 더 시간이 흐른 후 내 뒤편쪽에서 그 남자가 다가와 물건이 담긴 가방을 주면서 내 귀에 한국어로 '감사합니다'라고 했다. 그 말이 친근하게 느껴졌다. 그 남자로 해서 홍콩에 대해 다시 친밀감을 느꼈다. 그렇지만 나는 분명 영수증에 써 있는 사이트에 가입하는 구체적인 행동을 하지는 않을 것이다. 유니세프 아동 후원금 모금을 하는 동전 모금함을 든 승무원이 뒷걸음으로 지나가고 어느덧 비행기는 인천공항에 착륙하게 되었다. 또다시 무사히 귀국한 것이다.

최금옥

서울대학교 중어중문학과 학사(영문학 부전공)
서울대학교 중어중문학과 석사(漢代 樂府詩의 句法연구)
서울대학교 중어중문학과 박사(陳師道詩 연구)
동해대학(현, 한중대학교) 전임강사
이화여자대학교, 성심여자대학교, 강릉대학교, 청운대학교, 성결대학교, 방송
통신대학교 시간강사
한양대학교 ERICA캠퍼스 연구원
現) 서울대학교, 한양대학교(ERICA캠퍼스) 시간강사

「陳師道 送別詩의 서정성과 정련미」

『진사도 시선』(편저)
『양송시(兩宋詩) 여행』(편저)
『고금한어의 어법차이』(편역)
『리얼 상하이 쉬운 만다린』
『클래시컬 차이니즈 중국소설 20』(편저)
『중국시와 시인-송대편』(공저)
『요리사와 天下之士』(공저)
외 다수

Winter
노란꽃 초록나무에
달빛처럼 비가 내린다
광둥광시 여행기

초판인쇄   2012년 3월 15일
초판발행   2012년 3월 15일

지 은 이   최금옥
펴 낸 이   채종준
펴 낸 곳   한국학술정보(주)
주   소   경기도 파주시 문발동 파주출판문화정보산업단지 513-5
전   화   031) 908-3181(대표)
팩   스   031) 908-3189
홈페이지   http://ebook.kstudy.com
E-mail   출판사업부 publish@kstudy.com
등   록   제일산-115호(2000.6.19)

ISBN   978-89-268-3160-1 03980 (Paper Book)
        978-89-268-3161-8 08980 (e-Book)

이담
Books 는 한국학술정보(주)의 지식실용서 브랜드입니다.